日和手制 本子

手づくり製本の本
こだわりの作家もの＋作り方

［日］**岛崎千秋**——著　吴冠瑾——译

浙江人民出版社

前 言

本书将介绍以纯手工制成的"书本"。书中将制作书籍的老师分成两个类别，一类是制本家，另一类是从事纸本创作的艺术家。下面介绍本书的特色：

1. 制本家制作的书本

将内页和封面装订成一本书，在日文中叫作"制本"。从前都是以手工制作书籍，现在普遍是以机器制作书本。但这并不代表手工制书的技术已失传，制书师傅会将技术传授给徒弟，当徒弟经过磨炼且能独当一面后，就能得到制本家的名号。

各位读者也能通过欣赏制本家的手工书作品，感受到每位作者的"独特风格"。这部分不仅是介绍作品，还记述了作者的想法，例如，开始接触手工书的契机，或是抱着什么样的心情制作手工书等。

2. 艺术家制作的书本

另外，"想要尝试亲手制作书本"的人也在逐渐增加。虽然大家想制作的手工书类型都不同，有的人想制作相簿，有的人想制作笔记本……但却不约而同地拥有"既然都花费心思制作手工书了，那就选择制作既喜欢又实用的类型吧"的想法。这部分会请设计师及插画家来介绍手工书，并提供给读者各种实用的手工书类型。这些作品不仅能为读者带来创作灵感，也能让各位通过对每位艺术家的手工作品的感触，了解制作手工书的乐趣。

3. 实际尝试看看

书中也为想亲手尝试制书的读者，设置了"亲手制作手工书"的教学区。这些传授手工书制作方法的制本家，都有在制书教室或工作室等场合教学的经验，因此能以简单易懂的方式细心地教导各位读者。

若各位读者能通过本书感受到制本家与艺术家的创作热忱，并了解制作手工书的魅力，那我也会觉得非常幸福。

目录

第一章 | **制本家亲手制作的书本**

6　西尾彩：壁纸书本
漂亮、坚固且令人陶醉

12　亲手制作手工书1
口袋书

20　山崎曜：丹宁书本
越用越有韵味

25　亲手制作手工书2
挑战以稿纸作为内页的和装本笔记本

34　各式各样的书本1
骑缝装订本

36　各式各样的书本2
线装本

40　井上夏生：相簿
灵感来自想让装饰的"小鸟"展翅高飞

48　亲手制作手工书3
文库本尺寸的精装书

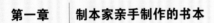

54　各式各样的书本3
布做的书本

56　各式各样的书本4
相簿

60　赤井都：*MAHÔ NIKKI* 和《90年后的交换日记》
如同魔法般的日常生活

66　亲手制作手工书4
三角形的手风琴式折页书

72　各式各样的书本5
袖珍书

第二章　┃工房

80　┃工房1　Part Ⅰ

86　┃工房2　Part Ⅱ

第三章　｜　艺术家亲手制作的书本

96　井上阳子：拼贴书本
喜欢能展现复古质感的书籍

102　植木明日子：笔记本包包
正因为非常喜欢这本书，才会想随身携带啊！

108　川口伊代：*la fleur*
将绘画制成书本展现出故事般的氛围

114　Yuruliku：邮票收藏册
将自己想要使用的物品制作成实用的样式

119　橘川干子：改装书
将喜欢的书本重新改装后就会更爱它

124　亲手制作手工书5
文库本的改装书

126　各式各样的书本6
改装书

128　各式各样的书本7
书盒造型的书本

130　各式各样的书本8
想知道更多的书本造型

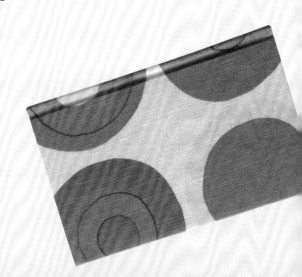

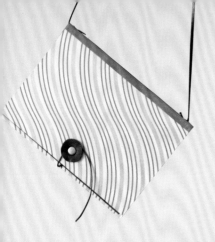

工具以及材料

134 | 基本的工具

136 | 基本的材料

138 | 熟练地使用工具的秘诀

143 | 裁切纸张的正确顺序

144 | 后记

制书的基本概念

书本各个部位的名称

似懂非懂的书籍部位名称。当了解了书籍的构造后，制作书本就会更加简单。

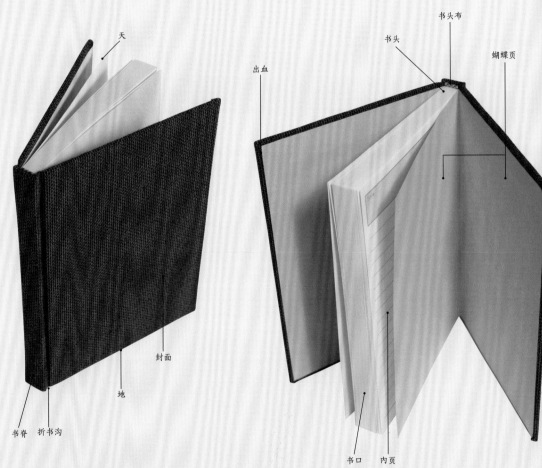

封面：书本刚要翻开的那一面是封面，反面是封底，背部则是书脊。
天：书本直立放置时，顶端的部分。
地：书本直立放置时，底端的部分。
书脊：书脊的部分。
书头布：粘贴在内页背部的顶端与底端的布。
折书沟：封面与封底上面的凹槽。

内页：书的主体。
蝴蝶页：粘贴于封面的内侧，用于连接内页与封面的衬页。
书头：书本装订处，翻开时两边页面中间的部分。
出血：封面稍微突出内页或蝴蝶页的部分。
书口：书脊的反面。

书本的装订方式

书本有各式各样的装订方式，而这部分只介绍基本的装订方式。

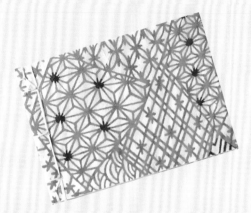

线装本
这种方式是在靠近内页的书头的部分进行装订作业。虽然结构非常坚固，但书头却无法完全展开。

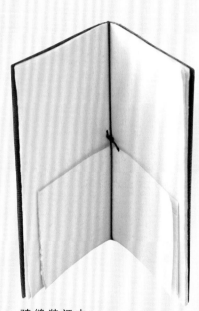

和装本
不仅是线装本的一种，也是昔日日本书籍常用的装订方式。其特色为将内页与封面用绳子装订起来后，翻页时会形成"わ"形。

＊"わ"在日语中作为语气词。这里指本子打开的形状。

骑缝装订本
这种方式是将纸张对折再于折痕处进行装订作业。它能让书头完全展开，常用于页数较少的书籍。周刊等类别使用订书针装订，绘本等类别则使用线装订。

第一章
制本家亲手制作的书本

在日本从事"制作手工书"的制本家并不是那么多。

这一章介绍的4位老师，都会借由作家的活动创造出充满原创性的作品。

而他们接下来将会介绍主要作品以及连初学者也能轻松上手的制书方法。

西尾彩：

壁纸书本

漂亮、坚固
且令人陶醉

PROFILE

西尾彩

书籍装订师，1972年出生于日本东京都，毕业于武藏野美术大学造型学部视觉传达设计学科。她通过公司的工作来到手工制本家山崎曜老师的身边学习制作书本。之后还到英国的基尔特福德学院和伦敦艺术大学修习制作书本的技术。现在除了在自己的citrus press工作室以活版印刷制作书籍外，也会在工房开设制书教室。

这两本书籍的封面都是以壁纸的背面制作而成。
其中一本为2009年制作的日记本。

书本的外观非常简洁，却令人不禁想要伸手触摸。它散发着优雅的气质，却又有一种难以形容的亲切感，让人不禁想将其带在身侧。书籍装订师西尾彩老师制作出的书本，就充满这种不可思议的魅力。

"因为我自己不喜欢在使用书本时，还须小心翼翼地保护它、担心它因磨损而变得斑驳，所以总是想制作出既坚固又便于使用的书本。"

西尾老师在制作书本时，不仅会注重细节的完美程度，也会照顾到书本是否坚固。她在制作的过程中，一点也不害怕失败，反而认为失败也是制作书本的乐趣之一。这本以壁纸的背面做封面的手工书，也是抱着这种心情制作而成的作品。

"我在英国留学时，曾看到教授在修复古书籍。那本书的封面以壁纸制成，虽然表面相当斑驳，但这点却让我觉得非常可爱，于是我开始到跳蚤市场及艺品店寻找并购买古旧的壁纸制书。虽然我一开始没想过要用浮雕花纹的壁纸，不过却在某天突然觉得壁纸背面的质感相当有设计感，于是就开始尝试各种不同的使用方法。我自己也经常会从古旧的书籍上索得一些新的灵感，例如材料的用法等。"

当然，想将灵感化作实物，需要一定程度的技术与知识才能办得到。因此西尾老师在开始工作后，便认真地学习制书技术。她为了习得更专业的知识，远赴英国留学，在制本家养成学校和美术大学学习了3年。西尾老师一开始只是因为想制作出自己心目中的理想书本才到英国学习专业技术的，但她在

为了展现出材料本身的特色，制作时不过度加工并创造出简单的风格，最后粘贴金箔打造出设计感。

这一本书的内容都在解说日本独特的云的名称，像高积云、卷积云等。

这本 As Cloudy As Ever 选用和纸制作内页，并以活字印刷的方式印制文字。

Comings and goings, days and nights 这本书中不仅印有飞机从希思罗机场起飞的照片，还能将书放入迷你尺寸的书盒。

这本《10年日记》是在皮革的封面上面烫金，并用压纹的方式制作书脊的文字。西尾老师考虑到它要使用10年，因此内页的纸张选用能绘制版画的良好材质。

将早晨的照片和傍晚的照片放入同一个书盒中。

在天的书口处粘贴金箔，制作出星星和太阳。

西尾老师为制作中的书本选用的内页纸张。先将纸蕾丝用压平机压平，再粘贴到纸上，就能创造出特别的质感。

装入平时使用的名片。制
本家基本上只制作夫妇箱
（如书本般可开合的书
盒）和书盒，而西尾老师则
将夫妇箱用于收纳名片。

求学过程中，却逐渐感受到自己非常适合"接受客制化订单"这种工作方式。

"若拥有能够重新制作出古旧书籍的技术，就能制作出收纳书本的书盒了。我前几天刚接到一笔订单，委托我制作能够完美开合的书盒，但因为只能容忍0.2mm的误差，所以制作过程中需要非常专注，让我觉得既紧张又辛苦。但当我完成30箱同等尺寸的书盒时，不仅松了一口气，也非常开心。我非常高兴能够完成这笔困难的订单，并让顾客感到满意。虽然过程非常辛苦，却也让我干劲十足。"

西尾老师喜欢极具古意的书本，不仅创作时不会添加多余的缀饰，也致力于通过材料的搭配组合或变更用法，打造出"令人陶醉的造型"，这本名为*As Cloudy As Ever*的作品，正是以这种想法制作而成的。

她一开始想尝试在和纸上进行活版印刷，再制作成书本，但由于和纸的材质较薄，会导致印刷的字透印到纸背，因此最合适的做法是选择单面印刷，并以线装的方式装订成和书风格。不过若是有"实在是不想做成和书的风格"的想法，那么只需尝试解开1条"装订线"，就能创造出完美的日洋混搭风。

"即使书籍采用和装本的装订方式会比较合适，我还是会挑战看看有别于以往风格的制书方式。"我们也向这么述说的西尾老师请教她今后想尝试制作的手工书类型，她这么回答："书是一种让人能用手翻阅与使用的物品，不论制作得多么坚固，也一定会遭受磨损，这是没有办法的事情。不过如果能制作出不会因为长时间使用而变得老旧破碎的书本，那一定很棒！"

西尾老师在工房中工作的模样。

西尾老师的工房。照片中是老师爱用的压平机。

亲手制作手工书1
口袋书

既可爱又舍不得丢弃的小型书本。西尾彩老师以"若有体积小巧又方便收纳的书……"的想法，制作出口袋大小的书本。她认为在制作过程中不使用黏着剂或铁锤，只用缎带装订的简单做法，就能让初学者轻松地制出手工书。

工具

- 螺丝穿孔机（也可用直径3~5mm的丸斩*）
- 美工刀
- 铅笔
- 镊子
- 夹子×2
- 直尺
- 剪刀
- 切割垫
- 纸型
- 骨笔

*丸斩：手工制作的一种手法，针脚密集，线迹饱满，适用于皮革的缝制。

材料

- 封面用的纸　将100~180kg的纸张裁切成580mm×106mm的大小（上下两端的长度需比内页的玻璃纸信封各多出3mm）×1张
- 缎带（宽度4~6mm，全长90cm）×1条
- 玻璃纸信封（100mm×140mm）×约10张

*可依喜好决定运用于内页的玻璃纸信封的数量。

前置准备

制作纸型

穿线的位置与长度

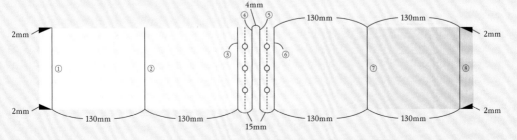

制作封面

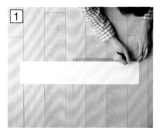

在封面的上下两端各画上8个记号后，将记号连接成8条线。

将直尺对齐直线后，用牛骨画出折痕。

先在上端2mm处画上记号，再和第①条线连接起来，接着用美工刀裁切。封面的四个角落都用同样的做法裁切。

沿着折痕将第②条和第⑦条线对折，再将第④条和第⑤条线折成90度来制作"书脊"。

先将纸型放到封面上，再跟第④条和第⑤条线对齐，接着用螺丝穿孔机共打出6个孔洞。接下来将纸型对齐第②条线和第⑦条线后，在中间的部分共打上2个孔洞。从封面的表面打洞比较能呈现出漂亮的孔洞。

制作内页

将玻璃纸信封放在纸型上面，就能看到纸型上的红线。将信封对齐红线后，在信封的底部打上3个孔洞。全部的信封都用同样的方法打洞。

装订封面与内页

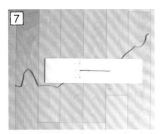

先将缎带穿过第⑦条线的孔洞并保留约
25cm的长度，再将缎带的另一端穿过第
⑤条和第⑥条线中间的孔洞后拉紧，接
着沿第⑦条线将纸张向内对折。

用缎带装订书脊。如照片中一般用镊子
将缎带穿过孔洞。

将双层的封面稍微展开，并从两张页面
中间穿出缎带。

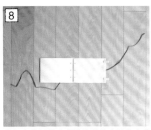

将打完孔洞的玻璃纸信封整齐地放在封
面上。

将缎带穿过中间的孔洞。

将缎带穿过第②条线的中间孔洞。

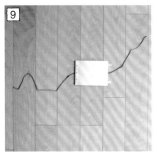

将书脊对折。

成品！

将缎带尾端修剪整齐，再随自己的喜好绑成蝴蝶结就完成了。

HANDMADE BOOK

山崎曜：

丹宁书本

越用越有韵味

PROFILE
山崎曜

手工制本家，1962年出生于日本东京。毕业于东京艺术大学设计科，并于同一所大学的研究所修习完硕士学位。他通过在出版社的工作，成为制本家的徒弟并学习制书的技术。他现在不仅是"手工制书教室"的负责人，也是东京艺术大学设计科的讲师以及东京制本俱乐部的会员。

山崎老师的作品种类非常丰富，有用布作为封面的书本，
或是做法简单并以可爱的线制成的书本等。

山崎老师说："教学是能让人一边观看，一边制作作品的书本。但是我的第一本著作《书·手作：山崎曜的制本书》是无线装订本，它的缺点是书本无法保持敞开的状态。对于这一点我一直觉得很懊恼，所以才重新制作出这本能够保持敞开的书本。"

封面以丹宁布制作而成，书耳的部分则选用红色创造出设计感。

活用纸箱裁切后的漂亮断面制作出的"纸箱立方体"。若想进一步活用纸箱的质感，可试着用不同的材料做装饰，如粘贴纸、黏土或绘图用的铝箔纸等。

活用纸箱能轻松地裁切出曲线的优点，在纸箱中间挖出圆洞。

"我在逛布料行时，偶然发现以津巴布韦的有机棉制成的丹宁布。丹宁布是一种越用越有韵味的材料，我认为它能长久保存的特质非常棒，于是就试着将其改造成平常使用的书本封面。"

"我当时选择以plat rapporté的方式来制作书本。在法文中，plat的意思是'封面'，rapporté则是'添加'，所以plat rapporté的意思就是分别制作封面和封底。令人讶异的是，省下制作书脊的用纸，就能制作出方便开合的书本，而且即使没有特殊的工具，也能试着制作出令人憧憬的'圆书脊'。"

不少人在了解山崎老师的观念后，会认为他是个谨守传统技术的作家。但实际上，山崎老师并不是拘泥守旧的人，不论是材料还是制作方法，甚至连工具的用法，他都有自己的一套准则并乐在其中，于是能制作出前所未见的作品。

山崎老师在大学毕业后就进入出版社工作。他在从事排版印刷工作时，也逐渐感受到自己的想法与成品间有段差距，于是浮现"我想亲自创作作品，体会手工制品给人的直接感动"这一想法。在经过一番考虑后，他毅然辞去旧业，选择亲自制作书本。山崎老师从学生时代开始，就对制作不同风格的作品怀有高度兴趣，他想："如果可以学习法国那多样化的制书技术，就能创造出各式各样的作品了！"于是就拜在留法回国的制本老师门下学习相关技术。

"制作手工书在法国是种相当高雅的兴趣，但在日本却是门必须用心学习的技术，我一直为这段差距该如何填补烦恼着，最后听从了老师的建议，开设个人的教学教室，而我在教室遇到的每位学生都有属于自己的想法，如'我想制作相簿'等。为了达成学生们的愿望，我在研究能制作出理想作品的技巧时，发现'不拘泥于传统反而能制作出自然的作品'。"

"熟悉的技巧越丰富，制作书本的流程就会越有效率，而且我想，如果学生能在教室里制作出自己喜欢的作品，一定会很棒，于是重新构思创作的方法，完全不在乎做法是简单还是复杂，在研发出各种技巧后，我注意到自己能够创作出前所未见

用纸箱制作出的"信封之书"。将纸箱折成弹簧状后，将信封粘贴在间隔中间。

书脊的缝线造型相当可爱。

这本《英日字典》是用整张皮革改造而成的。山崎老师认为，由于日本气候潮湿，若每天都会用到的字典能以防潮的皮革制作，成效会相当不错。他认为："如果不将书本摆放在书架上，而是悬挂起来当作装饰，就算是活用皮革的柔软特质了。"

老师在工房中工作的模样。

的风格，并以这种近似于探索的心情，制作出了以纸箱为主材料的作品。"

"在制本界并没有将纸箱当作材料的习惯，不过由于它方便裁切，又具有一定的厚度，所以能制作出相当立体的作品。在纸箱中间挖出圆形空洞，不仅能放入摆设小物，切口处也会呈现倾斜的模样，实在是相当有趣。"

山崎老师认为，即使在日常生活中，也能活用自己身边的物品来制作书本。而其中一个范例就是改造《英日字典》，它的做法是以皮革来制作封面，并创造出能够悬挂的造型。

"我感觉到今日人们与书本的相处模式已和往昔大不相同了，所以心想'若将书本当成装饰品也不错'，于是就试着做出能够悬挂的造型。我们容易被一般的书籍形式局限，害怕创作出其他造型的作品，其实无须自我设限，不妨思考：'能省略多余的装饰吗？如何做出更帅气实用的造型呢？'我每天都一面天马行空地幻想着，一面制作书本。"

亲手制作手工书2
挑战以稿纸作为内页的和装本笔记本

山崎曜老师想以稿纸搭配半纸*创作出带有现代感的笔记本，因此他不采用和装本常用的"四眼针装订法"，而是尝试打上6个装订孔洞。用这个巧思制作而成的和装本，不仅拥有时尚感，还留有传统的柔和质感。而且为了将原本适用于阅读的和装书改为方便书写的样式，制作时需尽量缩短装订处的宽度，才能避免书本翻开时内页凹凸不平，让人难以书写的状况。这本笔记本的设计对用户而言非常贴心。

*半纸：古汉语词汇，意为一片纸。也指宽24~26cm，长32.5~33cm的日本纸。

工具

- ·切割垫　　·剪刀
- ·美工刀　　·锥子
- ·铅笔　　　·针
- ·直尺　　·骨笔　·钳子
- ·纸尺（2cm×30cm左右的硬
  纸，明信片般的厚度即可）

材料

- ·稿纸　17张（内文16张
  ＋纸型1张）
- ·日本书法用的半纸（请
  选用薄透的材质）16张
- ·封面用的纸　2张（B4
  左右的大小）
- ·绳子（这次使用缝制皮
  革制品的麻绳，当然
  也可以选用其他材质
  坚固的绳子）
- ·细碎的半纸（用于制作
  纸捻）
- ·木工专用的锥子

制作内页

将16张半纸仔细对折。操作时，可如照片中一般使用骨笔对折，或是如折纸般用手对折。

为了将稿纸的宽度裁切成与半纸等宽的尺寸，需裁切稿纸的另外一条边。先用纸尺在稿纸上测量出半纸的大小，再用美工刀做记号。

在将稿纸裁切成半纸对折后的大小之前，需先用美工刀在稿纸的右侧边框4mm处画上记号。

将稿纸和纸尺对齐后，用美工刀在稿纸的上下两端画下记号。

沿着记号的位置用美工刀裁切全部稿纸的其中一边。

沿着两端的记号裁切稿纸。

用有厚度的尺或木棒压住稿纸，不仅能固定住纸张，用美工刀画记号时也会很方便。用④～⑥的方法裁切天与地的部分，并将17张稿纸对齐后裁切。

在作为纸型的稿纸上面画上装订孔的位置。先在稿纸的长边画上宽度5mm的线，再于距离线的两端8mm处画上记号，并在中间分出5等份，而这6个记号就是装订孔的位置。

制作2个"和尚装订纸捻"。将纸捻穿过下方的装订孔并留下些许能够吻合的部分，再由下往上穿出并拉紧。留下适当长度的纸捻，再用锤子的把柄从内侧将它敲平后，内页的装订就完成了。

在两张半纸之间夹入16张稿纸。这个步骤只要使用骨笔，就能轻松夹入稿纸且不会弄皱半纸。

将稿纸和半纸整理整齐。先将纸张折出弯度，再抓住两端并放回工作台上面，接着空气就会注入纸张之间，让人能够轻松地整理纸张。

打上2个孔洞作为内页的装订孔。孔洞需打在上下两端第二个装订孔接近书脊的位置。

和尚装订的"纸捻"的做法

先将细碎的半纸裁切成又小又尖的三角形，再用手指蘸水将尖端处沾湿。将纸捻做得又紧又牢固，就能轻松地穿过装订孔。"纸捻"是以和纸制成的如纸绳般的工具。精细的装订方式是打上2个孔洞后，将纸捻穿过去并打结。这次的装订方式没有将"纸（发）"打结，所以称为和尚装订（"纸"和"发"的日文发音都是KAMI）。

制作封面

将制作封面的纸对折，请注意照片下方的边角需对齐，对折时使用骨笔能折出漂亮的形状。

以开合处为基准，用标有内页的天地尺寸的纸尺测量长度，再用美工刀在纸上做记号，接着裁切天地的部分。左右两端的裁切尺寸需比内页各多出2mm。用裁切好的纸裁切另一张纸，这时用木棒代替封面或直尺来辅助会比较容易裁切。

将坚硬的纸裁切成7mm的宽度（用于裁切固定间隔的纸尺，称作等距尺）。

将直尺或木棒跟7mm的等距尺夹在一起使用，将封面的其中一边裁掉7mm的宽度（将对折的其中一边裁短）。

在裁短的那一边的内侧边缘，稍微涂抹木工用的黏着剂后黏合。放置2分钟后，将纸张放到木板下面并压上重物。

用直尺将黏合的纸的边缘（封面的内侧）修整齐，待表面平整后对折。这个折痕可让封面更容易开合。

装订封面与内页

在封面内侧只有一层纸的那个边缘，如敲打般涂抹上黏着剂后，放入内页。装订时，靠着木棒或如照片中一般用靠板会比较容易操作。

将纸型和封面的书脊对齐靠板后，用锥子轻轻地在封面刺下6个孔洞的位置。拿掉纸型后，在封面上打洞。

缝线的长度为封面天地长度的3倍，将针线穿过装订处从右边数第二个孔洞后拉紧。

留下些许长度的线后，涂抹上黏着剂。将针线穿入书脊的适当位置后，在书的中间将线拉紧并固定。线在书脊处缠绕一圈后，穿入同一个孔洞后拉紧。

将针线拉往左边并穿入孔洞后，在书脊绕一圈再穿入左侧的孔洞，接着重复此步骤。针难以穿过孔洞时，请使用钳子夹住针并稍微旋转，就能轻松穿过孔洞。请注意用蛮力拉针会造成断裂的情形。穿到最左边的孔洞后，请重复同样的动作穿回最右边的孔洞。

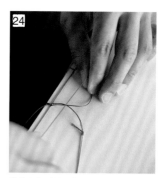

将针线穿到最初的孔洞后拉出，并用针将短线和长线打结，接着再次将针线穿过书本，并将线拉紧后剪短。

在剪下的线的前端抹上少量的黏着剂防止脱落，书本就完成了。

用壁纸反面制作封面的书与用稿纸作为内页的书两者尺寸不同。山崎老师说："这本以稿纸作为内页的书，拥有只能书写固定字数的特色。它能用来书写像推特一样的7行140字的文章。用这种'独特'又有点天马行空的想法，制作出自己专属的书也非常有趣呢！"

山崎老师自创的各种工具

山崎老师自创的各种工具是由"如果有这种工具一定会更加方便"的想法而诞生的，而这部分也会介绍几种实用的小工具。在工作时，稍微花点心力来制作实用的小工具，也是"手工创作"的乐趣之一呢！

木棒

将木棒与纸张对齐后，就能用来测量长度。而收藏各种尺寸的等距尺，就不需要特地裁切纸型。左边的等距尺有粘贴封箱胶带，可用于调整些微的长度。东急手工艺品店中贩卖的桧木工具，也有以1mm为计量单位的各种等距尺，由此可见这种自制木棒真的非常实用。

纸尺

测量长度时，一定会发生看错数字或是测量错误的情形，因此第一次尝试制作的作品一定会和理想有段差距。我思索着："难道不能想个办法吗？"于是发明了纸尺。用纸尺来制作纸型，并保留刻有同等尺寸的等距尺，之后就能轻松地制作出相同尺寸的作品。因为纸尺上的记号都是用美工刀刻画的，所以能将纸张裁切成最精准的尺寸。山崎老师表示纸尺的灵感来自名为尺杆或立杆的木棒，它是日本传统建筑中用于测量长度的工具。

靠板

原本是在装订和装本时，用于将内页对齐的工具。不过也能用于裁切同等尺寸的纸张，或用于组装箱子。制作靠板并没有那么困难，只要用双面胶将木棒粘贴在切割垫或桌上，就是一个临时的靠板了。

山崎老师平常使用的靠板大约为A4切割垫般大小。如照片中平台的高度有落差时，只需将靠板下方的木条靠在桌边，就能牢牢地固定住。

锁针缝笔记本
（山崎曜）

这本书的造型特色是
书脊处的缝线装饰。

双色缝线笔记本
（山崎曜）

装订时只需用两种颜色的
缝线，就能创造出如刺绣
般的设计。

各式各样的书本1
骑缝装订本

骑缝装订本有两种装订方式，一种是只装订一台内页的"一
台骑缝装订"，另一种是将很多台的内页用缝线装订起来
（将几张纸堆放整齐后对折，这样的一沓纸就称为一台）。

麻布笔记本（西尾彩）

麻布笔记本是以一台骑缝装订的方式制
作而成。

plat rapporté
（西尾彩）

用挪威的古旧壁纸制作
出封面，再粘贴上纯金
的金箔作为造型特色。

LIGHTHOUSE KEEPER

Finding Light, Keeping Kight
（西尾彩）

这本袖珍书以一台骑缝装订的方式制作而
成。故事以"探索自我"为主题，因此选用
只有Finding和Keeping才能发现的对折方式。
书本的名称也能让人联想到小朋友的*Finding
Keeping*游戏。

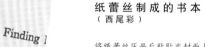

纸蕾丝制成的书本
（西尾彩）

将纸蕾丝压平后粘贴在封面上，就
能创造出前所未见的独特质感。

皮革封面的笔记本（山崎曜）

这本笔记本是搭配手边的蜥蜴皮的尺寸制作
而成。尺寸较小的纸张是为了方便书写笔
记，所以内页只用线捆绑而不装订。

一台骑缝装订的绘本（井上夏生）

封面的材质选用制书专用的麻布，内页的材质选用
如图画纸般的NT罗莎纸。在封面缝上装饰品更能展
现出绘本的氛围。

36

《开花爷爷》（井上夏生）

这本日本从前的童话绘本采用和装本的装订方式。它的做法是在皮革与和纸上面画上色彩，再搭配自制的装饰品。

各式各样的书本2
线装本

线装本常用于内页无法对折，或是内页不需对折的情况。日本知名的制书方法"和装本"是在单面印刷后对折，属于线装本的一种。不仅如此，制本家也能活用这种装订方式的魅力，并以自己特有的制书技巧来创作出各式各样的作品。

和装本的名片簿（山崎曜）

这本名片簿的封面选用千代纸制作而成。

和装本的笔记本（山崎曜）

山崎老师为了收藏自己雕刻的印章图样，而制作出这本和装本的印章图鉴。他为了搭配这本书的用途，特地选用千代纸制作出和风感的封面，并将内页对折两次防止印泥透印。

相簿（西尾彩）

这本正方形的相簿以简单的封面搭配
显眼的蝴蝶结，不仅创造出了一种绝
妙的设计感，也让人感受到西尾老师
的设计天分。

剪贴簿（西尾彩）

这本剪贴簿以线装的方式装订而成，并
将蝴蝶结当作装饰特色。整体设计虽然
相当简单，却非常优雅并富有整体感。

《夏到春》（赤井都）

每一张内页都是先将活字组版
与木版排列组合，再用手动印
刷机印制而成。这本插画本选
用和装本的装订方式，而内页
则是赤井老师亲自撰写的文章
与版画作品。

袖珍书作家·赤井都的"*Mahō Nikki*"的排版作品。

井上夏生：
相簿

灵感来自想让
装饰的"小鸟"
展翅高飞

PROFILE
井上夏生

1973年出生于日本埼玉县。1997—2002
年在STUDIO LIVRE学习西式锁线装订
法的技术。1998年在"125 MAESTRI
Rilegatori per L'infinito"（Italy）获得
奖项。2000年在自家开设"MARUMIZU-
GUMI"。她目前在日本板桥区南常盘台
经营名为"MARUMIZU-GUMI"的商店
与工房，一边贩卖制书的工具和材料，
一边开设制作书本的课程。

这本相簿以交错式的制书方式制作而成。这种做法的
特色是能让封面呈现出两种色彩，而井上夏生就是活
用这种特色来展现出天空与白云的感觉。

一只在天空中翱翔的小鸟……井上夏生老师亲手制作的相簿，就能在书本世界中展现出这番令人陶醉的景象。

"我当时打算制作这本书有两个原因，一个是我无意间得到了小鸟装饰品，另一个是我也正打算尝试交错式的制书方式。将封面和封底交错在一起，就能做出一体的封面，这不仅是交错式的特色，也是它最有趣的地方。我想活用这种做法呈现出蓝天与白云，再搭配翱翔的小鸟，效果应该会相当不错！"

井上老师不仅是制本家，也是制书教室的讲师。她为了让学生能轻松地制作出书本，采用了"法式缝法"这种较为简单的装订方法。由于打算在内页中粘贴1张3cm×5cm的照片，所以内页尺寸需比照片尺寸大上一倍，并搭配肯特纸、西卡纸等材质较厚的纸张。

井上老师和"手工书"是在高中时期相遇的，"喜欢制作书本的图书馆老师，在选修课程中教授了我们手工书的做法，我一开始对能自己亲手制作书本感到相当惊讶，而在尝试了之后，便不可自拔地爱上了将纸张制作成书本的过程。我本来就非常喜欢画图，所以当我接触到与绘画或手工制作相关的工作后，就自然而然地将它当成自己未来的志向了"。

井上老师一毕业就在制书工房学习基本的制书

小鸟装饰品是这件作品的灵感来源。

内页能粘贴1张3cm×5cm的照片。

书脊以法式缝法制作而成。

这本书打算用于展示会等场合，所以利用基本的设计创造出时尚感。而选用皮革则是为了让作品的质感能够搭配使用的场合。

使用粗绳制造出能够"完全敞开的书本"。

附设在工房中的商店，能看到各式各样的手工书样本。

技术，之后还到有教授西式锁线装订法的工房学习。

"西式锁线装订法是一种西洋传统的制书方法，介绍开设相关课程的工房给我的人，也是那位高中的图书馆老师。他说：'我想那间工房一定非常适合喜欢亲手制作作品的你。'也因为这句话，让我与手工书结下了不解之缘。书本是有固定结构的东西，所以只要了解书本的构造和制作的技术，任何材料都能制作成书。而且在制作手工书时，除了能尝试各式各样的材料外，作品也会因材料的差别展现出不同风貌，我就是逐渐被这种有趣的魅力吸引，并且越做越入迷的！"

在经过大约5年的学习后，老师借由一次制作结婚相簿的机会而成为独立的制本家。她在自己的"MARUMIZU - GUMI"工房除了开设制书教室以外，也同时贩卖制作书本所需的材料和工具。顺带一提，取"MARUMIZU - GUMI"这个名字是因为老师想用水野这个旧姓当作店名，希望访客在制作书本的同时，也能体会到和纸与日制工具的魅力，衍生出尊重与喜爱"日本美好文化"的心绪，这就是井上老师的工房名称所代表的意义。

"我除了制作参赛的作品外，也很喜欢制作他人委托的物品，这不仅是因为能用自己的技术实现对方的愿望非常有趣，也是因为在制作书本的过程中，能接触到各式各样的人，这些附加价值都让我感到非常开心。当别人建议我'能够这样做哟'时，我也会觉得非常感动。我觉得像这样能通过自己的技术与他人交流，真的是一件非常有魅力的事情。"

这本名册选用和纸来制作封面，而书脊的绑带和封面接近书脊处则选用皮革。"在复古的和纸中，也会有这种时尚的花纹。和纸不仅具有柔和的质感，花纹也非常丰富，是我最喜欢的材料。"

井上老师的工房"MARUMIZU-GUMI"。老师正在使用自己亲手设计的"缝线装订机",它的功能为装订内页。

若选择需长时间制作的手工书，就无法大量赠送给朋友。我心想："难道不能制作出做法简单而且造型可爱的书吗？"所以发明出了这种大约15分钟就能完成一本的骑缝装订笔记本。

装订内页时将细碎的和纸一起缝制，再随喜好裁切掉部分封面，就能制作出能看到和纸的特色封面。

工具

- 直尺
- 针
- 骨笔
- 切割垫
- 铅笔
- 厚纸板
- 美工刀
- 刷子
- 剪刀
- 蜡纸（或烤盘纸）
- 废纸

材料

从左上方开始依次是：

- 木工用的黏着剂
- 糨糊
- 糨糊黏着剂（将糨糊与木工用的黏着剂混合）

从下方开始依次是：

- 厚纸板　厚度2mm（封面）
  153mm×104mm 2张（书脊）
  153mm×9mm
- 封面用的纸　制书专用的绿色的布
  183mm×261mm 1条
- 内页用的纸　A4尺寸的牛皮纸 12张

排列在内页用的纸上面的工具，从左边开始依次是：

- 有裱褶的寒冷纱　150mm×60mm 1张
- 书头带　200mm 1条
- 书头布　20mm 1条（天地的部分）
- 缝线　直轴　绣线16／6　150mm
- 装订线　苎麻线15／1　1200mm（等于台数＋2折的长度）

亲手制作手工书3
文库本尺寸的精装书

井上夏生老师将传授初学者也能轻松完成的精装书的做法。成品是相当受人欢迎的文库本尺寸，因此使用时也会非常开心。

制作内页

裁切内页用的纸。将其中一张纸对折后，放在最上面。将纸张对齐裁切垫上面的格子，再用美工刀裁切成一半。如描线般操作美工刀，一张一张地裁切会比较好操作。

将裁切好的纸每4张对折成一台，再用骨笔压出折痕。完成后就是1台的内页，需制作出6台。

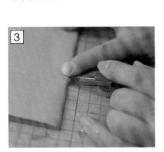

打上装订用的孔洞。在距离天与地的5mm和45mm处，用美工刀画出4个装订处。第1台的装订处完成后，以第1台的位置为基准将其他台切割出同样的装订孔。

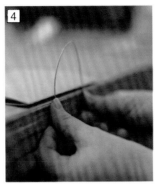

开始装订内页，用胶带将作为直轴的麻绳固定在桌边。

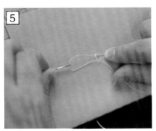

为了让线能轻松地穿过装订孔并打上细小的绳结，请以照片上的方式打结。

将线穿进最旁边的洞后，从第2个洞穿出，再将线绕过直轴并穿入第2个洞，接着将线从第3个洞穿出并绕过直轴，最后穿入第3个洞后，从第4个洞穿出。

先叠上第2台的内页，再将线穿入正上方的孔洞，接着重复⑥的步骤往反方向穿线。第2台装订好后，打2个结。

8

装订第3台的内页。将线穿入最上面的洞后，重复⑥的步骤。将线穿出最后的洞后，穿入下面那台的内页中，再将线做出圆圈并将针线从圆圈中拉出。之后不论是往左还是往右，穿到最后一个洞时，都需重复"穿入下面那台的内页中，再将线做出圆圈并将针线从圆圈中拉出"的动作。

*最后一台装订完成后，需重复两次穿线的动作，让内页更加牢固。

9

将内页夹在两张厚纸板中间，再将糨糊涂抹在书脊处，接着用骨笔抹平。这个步骤是为了将原本分散的内页固定成一体。糨糊有润滑的功效，若涂抹太少会造成纸张受损，所以请抹上满满的糨糊。

10

用剪刀剪掉直轴的麻线的前端，再用针之类的工具缠绕并打结。材质良好的麻线能打出漂亮的结。

11

将满满的糨糊涂抹在打完结的麻线上面，再用骨笔涂抹均匀。两个步骤都要进行。

12

用糨糊黏着剂在书脊粘贴有裱褙的寒冷纱，以强化书脊的坚固程度。寒冷纱的尺寸需稍微小于内页的尺寸。在有裱褙的寒冷纱上涂抹糨糊黏着剂，再如"匚"字形般将它粘贴在内页的书脊处即可。

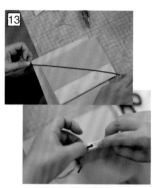

13

书头带的长度需稍微超出书本的对角线的长度。用木工用的黏着剂将书头带粘贴在书脊处的前端。

14

粘贴完书头带后，用木工用的黏着剂粘贴上书头布。

*书头布是粘贴在内页书脊的天地部分的装饰布。

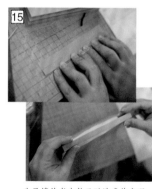

15

为了填补书本敞开时造成的空洞，需粘贴上填补的材料。将剩余的内页纸张裁切成书脊的3倍宽度后折叠3折，再于书脊和补强的材料上面涂抹木工用的黏着剂，接着将两者黏合在一起。

制作封面

裁切厚纸板。先测量书脊的尺寸，再裁切封面和封底的厚纸板。一开始不用力裁切，而是如画上刻痕般会比较容易裁开。

书脊的厚纸板若太厚，封面完成后的造型会不好看，因此请用手剥下约1mm的厚度。

将厚纸板粘贴在封面上。书脊的厚纸板需用黏性强的木工用黏着剂。用刷子在书脊的厚纸板上涂抹木工用的黏着剂后，粘贴到封面上。用刷子在封面和封底的厚纸板上涂抹糨糊黏着剂后，粘贴到封面用的纸上。

将四个角边的纸留下3mm左右的长度，再裁切下三角形的部分。

包裹封面。依照天地→左右的顺序全面涂抹上糨糊黏着剂，请注意黏着剂涂抹过多会造成溢出的情况。包覆完成后，将纸张牢牢地压平。

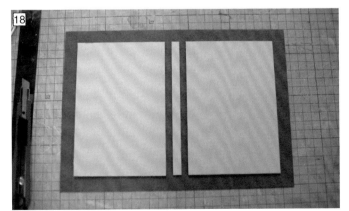

裁切封面。天地与左右的方向各多出15mm作为包裹用，书脊的左右两边各多出7mm用于制作折书沟。

角落的部分用骨笔来粘贴，就能粘得很牢。

装订封面与内页

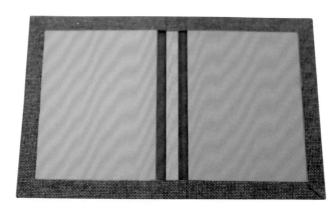

用木工用的黏着剂涂抹书脊和折书沟的部分。内页的部分只需涂抹书脊,请注意书头布不需涂抹黏着剂。

将内页粘贴于天与地的中间位置,并如盖上盖子般叠上内页。

用骨笔在凹陷处画出明显的折书沟。

这时封面和内页尚未紧密地黏合在一起,因此需绑上绳子固定。

粘贴蝴蝶页。一边避免书脊处分离一边打开封面后,翻开一页内页并铺上粘贴用的废纸,接着在下面铺上防止黏着剂渗透的蜡纸。

将糨糊黏着剂从书本内侧呈放射状般向外涂抹,再抽出粘贴用的废纸。

从上方按压,让书本紧密地结合在一起,再稍微整理整齐就完成了。可在书本上面压上平面的重物并放置一天,让黏着剂干燥。

*可依照个人喜好,在封面上做出各种装饰或粘贴金箔等。

成品！

卡片收纳本（山崎曜）

这本书选用色彩鲜艳的布制作封面，再以和装本的方式装订，内页用于收纳明信片。内页的做法是将书法用的半纸折成4折，制作成U形活页夹般的样式。

各式各样的书本3
布做的书本

布的样式琳琅满目，有时髦的样式或色彩鲜明的样式等。当你想制作出独特的书本时，布就是最合适的材料之一。制作书本时，经常会在布的背面粘贴一层薄纸进行"裱褙"的动作。不过若有已裱褙完成的制书专用布，就能直接在上面涂抹糨糊后粘贴。

卡片收纳本（山崎曜）

左边是将半纸折成4折再装订成横式，制作出横式明信片的尺寸；下面是将半纸对半切再折成4折，制作出名片尺寸的和装本。

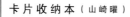

麻布笔记本（西尾彩）

将几台内页堆叠后装订成麻布笔记本。这个设计活用切面不平整的布，创造出特殊的质感。

夜晚的树林
（赤井都）

这本拼布手札以染色家的碎布制作而成。它选用布制作内页，再以长针缝的方式装订。

河边的樱花
（赤井都）

布做成的拼布手札。虽然内页中没有记载任何文字，但因为作者想让人用视觉与触觉感受到作品的质感，所以才打造出在河边散步的形象。

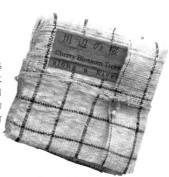

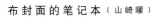

布封面的笔记本（山崎曜）

这本书的造型特色是封面上的装饰线。它活用骑缝装订本的装订线，创造出线缠绕着封面的设计。

布封面的笔记本（山崎曜）

这本笔记本的封面的内外两侧都以布制作而成。它能够收纳3cm×5cm的照片，因此只要覆盖上透明的袋子就能作为相簿。

邮票收藏册
（西尾彩）

这个作品是由市售的邮册改造而成，只需将自己裱褙好的布粘贴在封面上即可。

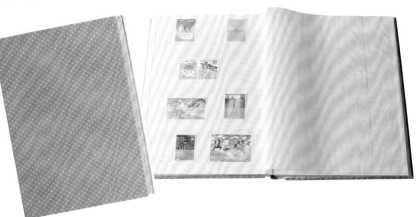

相簿
（山崎曜）

用一台骑缝的方式
装订，再用线将书
本捆绑起来，并以
鸽子眼睛的毛毡饰
品作为造型特色。

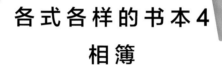

各式各样的书本4

相簿

在手工书当中，相簿也是相当受喜爱的类
别。这部分集结了作家们亲手制作的相簿。

相簿
（井上夏生）

先将制书专用的麻布包覆
在封面上，再绑上蝴蝶结
作为装饰。

相簿
（井上夏生）

拆解市售相簿的封面与内页，再
将封面制成独特的风格。书脊的
蝴蝶结是冲绳的传统织布。

相簿（山崎曜）

这个设计能展现出书脊的装订部分，并将橙色的部分作为造型特色。封面上的日期是用小型的手工印刷机Print Gocco印制而成。

活页夹（西尾彩）

用布搭配北欧的古旧壁纸制作出B4尺寸的活页夹。

相簿（山崎曜）

自己动手将质地较厚的棉布裱褙，再制成封面。

活页夹（西尾彩）

活用洋纸的时尚感制作出B4尺寸的活页夹。

相簿 & 笔记本
（山崎曜）

这本以一台骑缝装订制成的相簿 & 笔记本，左边可书写笔记，右边可收纳相片。

袖珍书作家赤井都的作品

赤井都:

MAHÔ NIKKI 和《90
年后的交换日记》

如同魔法般
的日常生活

PROFILE

赤井都（Akai Miyako）是制作袖珍书
的老师，也是作家。她不仅在2006年
的袖珍书大赛中，以自学后第一次制
作的精装版袖珍书，替日本人拿下了
第一个头奖，还在2007年连续获奖。
她从2006年开始陆续举办了个展、团
体展，并担任工房的讲师。她目前持
续举办袖珍书的朗读会，并正在构想
制作袖珍书的全新创意。

这个书盒只要将金属物件拿掉并往两侧打开，书本就会自动地
从盒中升起，这个机关出自赤井老师的手艺。书本的尺寸是
67mm×52mm×9mm、61mm×46mm×9mm。

赤井老师在制作书本时，会留意的细节之一就是各个部位间的比例，例如：长宽的比例、纸张的厚度或是保存的方式、内容，等等。而她的目标就是想要打造出整体比例最完美的书本。

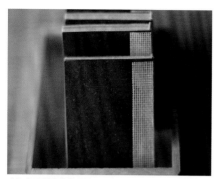

当初为了制作套书而做了10本，但在装订完书脊后，却发现蝴蝶页的厚度不适合，于是更换了纸张。这套书现在是展示用的作品。

赤井老师修补爷爷在10岁时写下的《小朋友的日记》的过程中，仔细地研究出书本损毁的原因，例如：对于书本的尺寸来说，书脊的厚纸板的厚度太薄等。一一解决这些问题后，书本就能起死回生了！

整本书都采用和纸制作，封面的和纸则选用印有羊齿植物叶片的样式。

想要制作能完美开合的书本需要一定的技术，而MAHŌ NIKKI和《90年后的交换日记》都是能够180度敞开的书本。爷爷日记中的文字采用书法家的笔迹，并以附有旧式读音的活字版印制而成。

这种迷你尺寸的书本非常符合"袖珍书"这个名号。它虽然只有手掌般大小，但只要将它翻开，就能清楚地看见书上的故事。在全世界有很多人都被"袖珍书世界"的独特魅力所吸引，并成为粉丝，其中更有一位赤井都老师因获得国际比赛大奖而声名远播。不过她并没有因此而变得骄傲，而是维持着一贯的温和作风，专注于制作手工书。

"与爷爷的日记相遇，是我开始制作袖珍书的契机。"赤井老师一边开心地说着，一边让我们观看一本封面上印着《小朋友的日记》的古旧书本。这本书是赤井老师的爷爷在大正九年（1920年），也就是他10岁时写的一整年日记，老师找到日记的时候，它已经变得破破烂烂的了。

"这本日记虽然只记录着平淡的日常生活，却让我觉得非常有趣，想把它保存下来，于是我开始尝试修复它。此外，因为我非常喜欢《小朋友的日记》那种呈现方式，于是在看到'我写了日记，请各位看看吧！内容非常有趣……'这段前言时，就一边思考着自己对于日记的想法，一边打算尝试制作出袖珍书尺寸的日记。"

于是，MAHŌ NIKKI和《90年后的交换日记》就这么诞生了。这两本书都采用"书写日记就能启动魔法"的设定，如"没有书写的内容会消失不见""若写下谎言，内容就会永远留在日记上面"等。而且老师也编辑了爷爷的日记，并将范例的文章用活版印刷的方式印制在书本上。

这本书使用染色家的布料搭配串珠作为装饰，是个造型优雅且质感柔和的作品。

只要利用布的边缘容易须边的缺点，就能和其他的材料相互搭配。蝴蝶页选用的大理石纹纸是由大理石纹纸的专家用墨染和胡桃染制成。赤井老师说："这种纸的纹路能展现出河川流动的意象。"

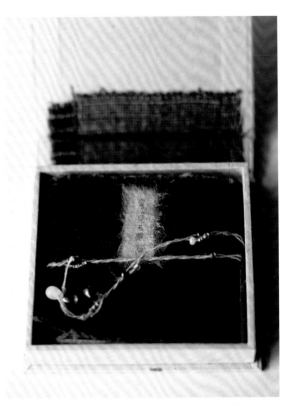

在各种蓝色系的色纸上，用激光印刷印出内文。暑假期间的乡间风景刻画得相当细腻，河川与女孩的故事也不断地持续着。

《河川的袖珍书》系列共有6部，它是河川与女孩这部原创故事的续作，而《夜晚的梦境》则是其中一部。

赤井希望能让更多人有机会接触到袖珍书，因此想出"袖珍书是水花声"这个创意品牌。这本由她亲自设计、组版、印刷、装订的 *Asterisk*，目前也是"袖珍书是水花声"贩卖的作品之一。

赤井老师在第二次获得国际比赛的头奖后，不仅正式地开始学习制书技术，也立志学会修复书籍的技术，她手中的书本就是修复完成的西洋古书。

将自家的一间房间当作工作室，书桌的抽屉中整齐地摆放着制作书本的工具。

"书本加上书盒的尺寸在76mm以下，就是能够参加比赛的袖珍书。不过若书盒的纸厚度为1mm，整体的厚度就会增加2mm，因此胜负的关键就是那1mm，以及内文文字的精细程度。"赤井老师这么述说着制作袖珍书的困难点。

赤井老师一开始制作袖珍书的原因，是想将自己书写的文章制成书本。她说："在实现'我只想将部分文章做成书本''我想制作一本短篇文章的书本'等心愿的过程中，自然而然地就会做出尺寸娇小的书本。"

"我会对制作手工书如此着迷，说不定就是因为只有想法根本做不出一本书。即使脑海中涌现文思或是创意，如果不实际动手制作，也是不会有任何进展的。"

她说："即使一开始无法做出精致的作品，但是在'试着用这种纸张吧''改成这种尺寸吧'这种一边推敲一边制作的过程中，不知不觉间就会做出比当初的想法更完美的作品，这大概也是我沉迷于制作手工书的原因吧！而且，当无法随心所欲地制作出脑中构想的作品时，反而更能激发我的挑战精神！"

"当我为'之前明明做得出来，怎么现在却无法成功呢'烦恼时，会想起当时的手感。而且只要凭着那种感觉制作，就能创造出完美的作品。而当初凭着初学者的好运能制作出的作品，现在却做不出来时，我就会再三地思考、推敲，并尝试重新设计作品结构。之后脑袋就仿佛突然开窍了一般，不仅能顺利完成作品，心中也会浮现'成功了'的愉快心情。从某种角度说，制作与构思作品时真的能感受到如同运动般的成就感。"

赤井老师因为觉得海外寄来的邮票都非常可爱，于是就活用邮票制作出迷你卡片袖珍书，以及名为 "Letter Press Light House" 的作品。这本手工书是将原有的玻璃纸信封角落折成三角形后粘贴而成。

亲手制作手工书4

三角形的手风琴式折页书

"我想让初学者在享受制书乐趣的同时，也能轻松地制作出袖珍书。"赤井都老师经过一番考虑后，选择了三角形的手风琴式折页书。书本拉开时，会呈现出弯曲的线条以及有趣的造型。书本完全展开时，就会变回平面的纸张，是相当有魅力的袖珍书。

材料

· 木工用的黏着剂
· 厚度2mm的厚纸板
  大约9cm×15 cm 1张
· 封面用的纸 大约10 cm×20 cm 1张
· 内页用的纸 大约10 cm×30 cm 1张

工具

· 圆规 · 直尺
· 美工刀 · 切割垫
· 蜡纸或烤盘纸
· 肯特纸或2张影印纸（任何能够吸收湿气的白色纸类都可以）
· 骨笔 · 自动铅笔 · 橡皮擦 · 油画笔
· 用来隔离糨糊的纸（涂抹黏着剂时，垫在下方的废纸，可用广告纸）

*制作时也会用到螺丝穿孔机。

制作内页

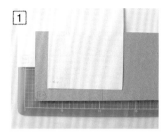

裁切纸张前，请先确认全部纸张的丝流方向并做上记号。

裁切掉天地部分的多余部分。

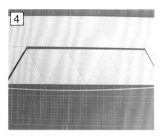

内页是每边长70mm的正三角形。先在距离纸张边缘数毫米处画出一条直线，再将圆规固定为70mm的长度，接着将圆规的针固定在直线上并做上记号，并尽可能地将记号画在纸张的边缘，最后以这个点为中心画出构成正三角形的线条。

沿着骨笔画出的折痕对折。

内页完成了。

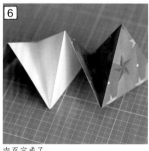

将骨笔靠着直尺，并在"Z"字线条的部分画下折痕。

制作封面

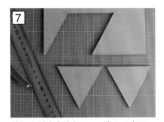

封面要制作成边长75mm的正三角形，所以需用间距已固定成75mm的圆规，将厚纸板裁切成正三角形。裁切边缘时，需顺着丝流的方向裁切出三角形。先在每张纸上画下丝流的方向再裁切，就不会弄错方向了。

在封面与厚纸板之间留下1cm的距离后，裁切掉多余的部分。

用封面包覆厚纸板的边角，再测量出纸张上多余的长度并裁切。请将封面与厚纸板紧密地对齐后，用指甲画上裁切记号。

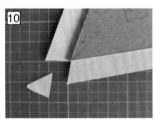

先裁切纸张的每个角，在包覆厚纸板时就不会产生凹凸不平的情况。裁切的角度为稍微小于90度的夹角。

沿着纸张上的裁切线裁掉多余的部分。角旁边多出的2mm是厚纸板的厚度，因此不需裁剪。

将封面与厚纸板以同样的丝流方向粘贴起来。粘贴两者时，在木工用黏着剂中加水稀释制成"含水黏着剂"（稀释到如浓汤般的稠度即可）。用油画笔在厚纸板上涂抹黏着剂后，粘贴在封面的反面。

试着用纸张包覆厚纸板，以确认纸张的长度是否准确。

在切割垫和封面之间铺上报纸等废纸防止弄脏，再进行粘贴的动作。在封面纸的每个边上涂抹含水黏着剂，再对折并粘贴。

用手指按压黏合的部分，确认是否有浮起处。再一次用骨笔按压厚度2mm处，让它紧密地黏合在一起。黏合处也需用骨笔的平面处按压，让它紧密地黏合起来。

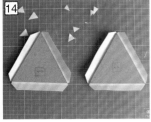

重复⑩~⑬的步骤裁切角的部分。

在确认是否粘贴得相当伏贴时，只需用手指就能检查出来。因此请用手指确认厚度2mm处是否有空隙。

角的部分容易产生缝隙，因此需用骨笔再一次仔细地按压，让它固定。

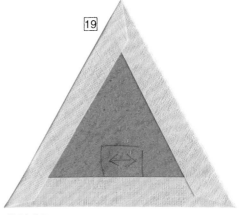

封面完成了。

装订封面与内页

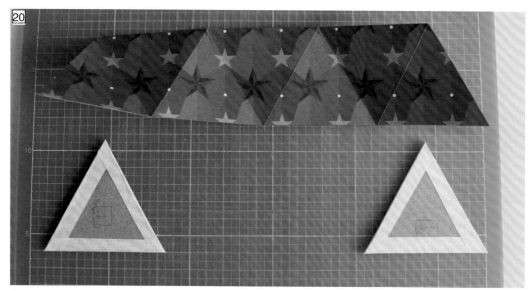

将封面和内页摆放成同样的丝流方向后，确认粘贴的位置。

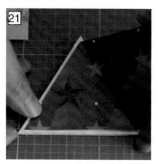

将三个边的出血调整为同样的长度后，用含水黏着剂粘贴。将含水黏着剂涂抹在内页最旁边的三角形的整个面后，粘贴到封面上。

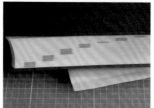

蜡纸可防止其他内页沾染到黏着剂，肯特纸则有吸收湿气的效果。在粘贴好的封面内侧和内页之间，夹入蜡纸和肯特纸后合上，再压上字典并放置一天，待黏着剂干燥后就完成了。

尝试看看吧！

步骤㉒完成后，书本就完成了。不过只要肯下一点心力，就能制作出其他各种有趣的作品了。这次以内页的设计创造出"星空下的海滩"的造型，只需用螺丝穿孔机在内页上打洞，就能打造出水泡的感觉。赤井老师说："不用拘泥于打洞的位置，随自己的喜好来创作就可以了。光线从洞中透出的设计能展现立体感。改变孔洞的尺寸，也会出现意想不到的效果呦！"

赤井老师用不同的纸张制作出的三角形手风琴式折页书。照片下方的作品是以和纸制成封面，再用活字版印刷打造出海洋的风格。照片上方的内页是将旧邮票和押花以拼贴的方式装饰在古旧的乐谱上面。赤井老师说："袖珍书的内页如果使用与内文有关的图样，不仅能一眼分辨出天地的位置，更重要的是能够增添翻开书本时的乐趣。"

成品！

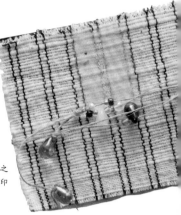

《直到河川》
（赤井都）

"河川的袖珍书"系列之
一。以夏日的闪耀光辉为印
象，再装饰上串珠。

《掉落河川》（赤井都）

"河川的袖珍书"系列共有6部作品，它是
以少女为主角环绕着河川所展开的原创故
事。封面以染色家的手染布料制作而成。

各式各样的书本5
袖珍书

即使是手掌般大小的"袖珍书"，也能根据不同的巧思和做
法，创作出这么多丰富的作品。

《信》（赤井都）

第一封信、第二封信、第三封信，将它们收藏到以藏宝
箱为灵感制成的箱子内。天地的尺寸为25mm的娃娃屋尺
寸。从第一封信"为了我去寻找时光机……"开始，到
"我"再次传递信息给持续寻找时光机的"你"。书卷的
第三封信就是故事的结局。

*Patterned Endpapers
for Miniature Books*
（西尾彩）

这本样品书所收集的各种纸张，
都可用于制作袖珍书的蝴蝶页。
它的书盒是以壁纸制作而成。

《寒中见舞》（赤井都）

正方形的和装本。在封面设计出于结
冻的湖滨散步的氛围，以搭配在冬天
外出旅行的故事内容。这种原创的叠
纸是以两种杉皮纸和深蓝色的雁皮纸
制作而成。

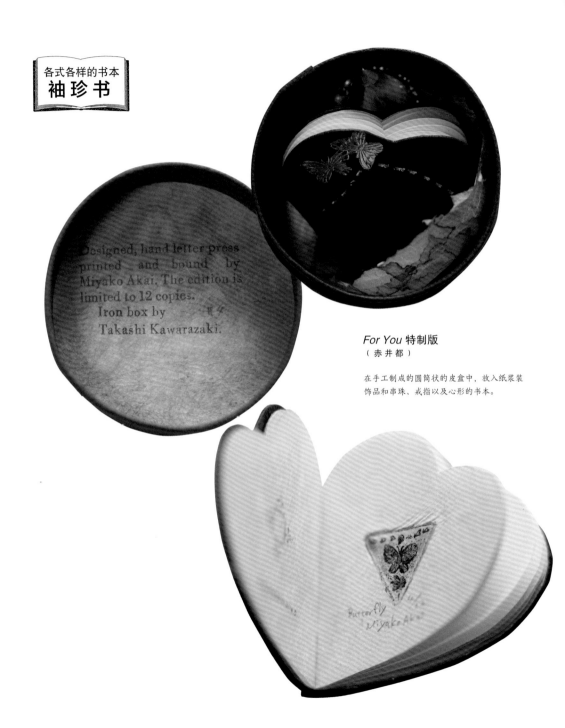

各式各样的书本
袖珍书

Designed, hand letter press printed and bound by Miyako Akai. The edition is limited to 12 copies. Iron box by Takashi Kawarazaki.

For You 特制版
（赤井都）

在手工制成的圆筒状的皮盒中，放入纸浆装饰品和串珠、戒指以及心形的书本。

RAINBOW（赤井都）

关于名为《彩虹》的一行诗。诗的内容是"抬起墨水瓶，彩虹会出现"。

厚纸板立方体 迷你尺寸
（山崎曜）

以斜斜的角度裁切纸箱后，它的切面就会呈现出漂亮的波纹图样，只要利用这项特色，就能制作出这个作品。想更进一步创作出有趣的设计时，只需花费一点巧思即可，例如，将寒冷纱粘贴在纸箱挖空的部分，就能看到隐约透出的光线。

汉堡袖珍书
（井上夏生）

这本袖珍书选用的材料有牛皮、制书专用的布、制作首饰的材料，而且装订的方式也相当特殊。

袖珍书作家赤井都的作品 *For You*、*Asterisk*。

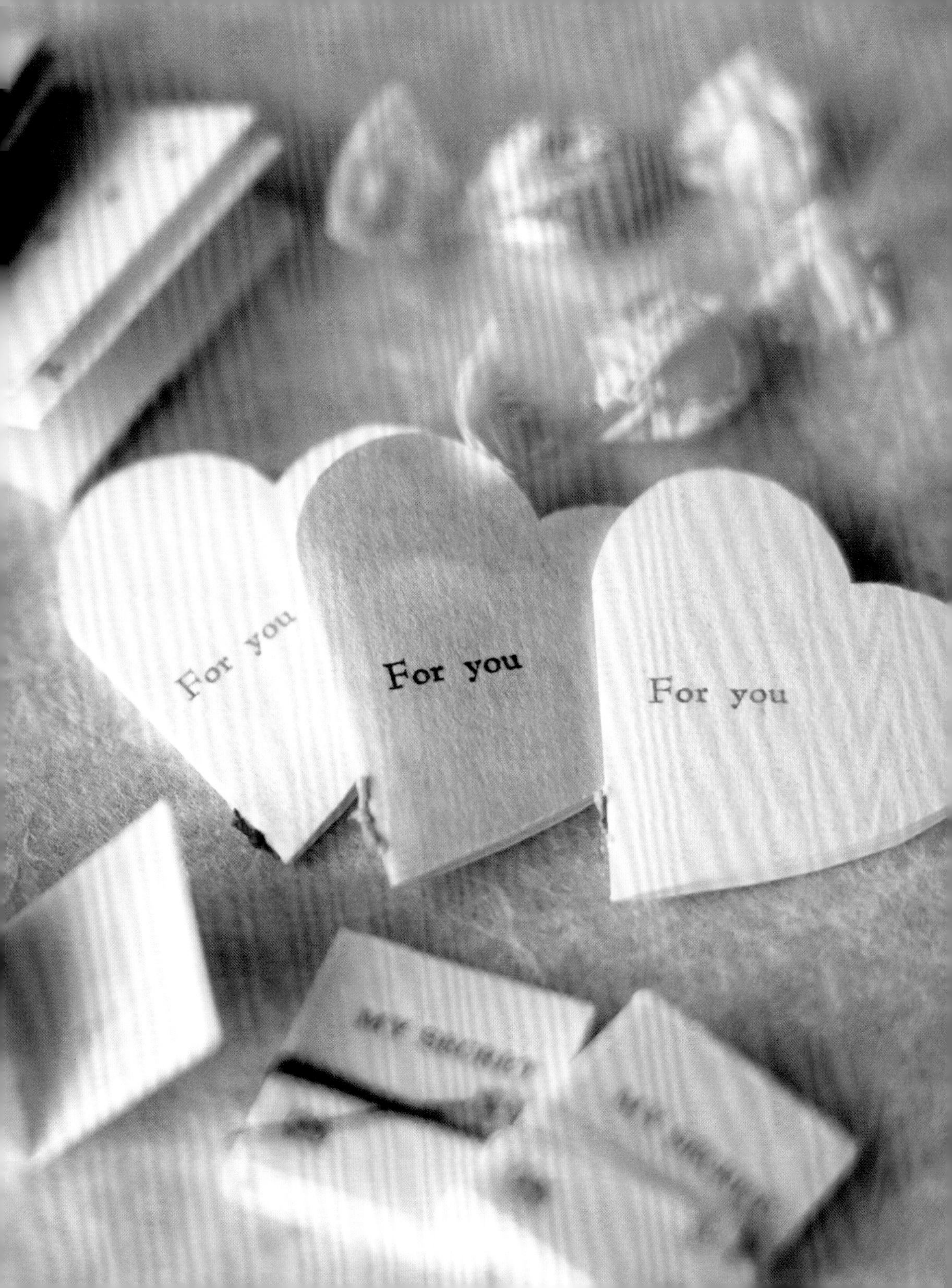
For you
For you
For you

第二章
工房

虽然想挑战制作手工书，却一点经验也没有，

因此对于到工房或制书教室上课感到些许的不安。

本章为有上述烦恼的读者介绍了工房里的上课情形。

现在就来了解一下，

第一次制作书本的学员都是如何进行的吧！

工房 1
Part I

明信片的折页书

手工制本家山崎曜老师会在日常生活中使用自己亲手制作的各种手工书。这个"明信片的折页书"也是他的作品之一，专门用来收藏他每年制作的版画贺年卡。山崎老师主讲的"手工书教室"的学生都相当喜爱这项作品，也能借由制作这项作品来训练刀工。现在山崎老师将传授我们制作的方法。

工具

- 骨笔
- 拆信刀（这次可用餐刀或菜刀）
- 美工刀
- 坚固的纸（完稿纸般的厚度）制成的纸型 13cm×19cm
- 切割垫　·30cm的铁尺
- 双面胶（最好选用低黏着力的类型）
- 刷子　·蘸取黏着剂的工具　·铅笔

材料

- 封面　厚度0.6mm的航空合板（它的纸质又薄又坚固，纹路也很漂亮）
- 内页用的纸　*BIOTOPE GA* 酒红色 四六版 120kg；日本里纸 白色 四六版120kg。将纸张各自裁切成4等份后，以一张*BIOTOPE GA*和一张里纸为一组。
- 木工用的黏着剂

制作内页

将内页用的纸张裁切成4等份。操作时经常会发生直尺不够长的状况,而应变的方法是先将纸张对折再用拆信刀裁切。这个步骤的诀窍是用骨笔等工具在纸上压出明显的折痕。

用拆信刀沿着折痕裁切纸张。若用美工刀裁切则需非常小心,因为它不仅容易裁切出不平整的切面,也容易裁切掉周围的部分。

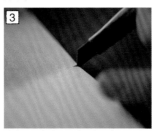

将裁切好的纸张再裁切成一半。用美工刀在最上层的那一张纸的正中间处刻下切痕后裁切。

纸张裁切完后会修边,因此同时裁切很多张纸也没有问题。裁切过程中不需在意些微的误差。

将裁切好的纸张对折,再用骨笔压出明显的折痕。

若遇到因折痕或裁切线的误差，导致内页纸的尺寸变小的情况，只需将纸型裁切得比内页的纸张还小即可。请在制作内页的过程中顺便制作纸型。纸型是裁切内页的基准，因此它的尺寸需小于裁切后的内页用的纸。

以裁切好的纸型为基准，裁切内页的左右部分。裁切完成后，请依照完成的顺序摆放整齐。书本完成后，白色是正面，酒红色是背面，因此摆放时请以两种颜色为一组页面，并摆放成与开合方向相反的方向（纸张的开合方向会因纸张的总数是奇数或偶数而有所差别，请依照个人的喜好做选择）。

为了让成品更加漂亮，可先在内页纸的天的短边处稍微裁切出直角，再裁切地的部分，这样整体的尺寸就会整齐一致。用纸型将内页裁切成同等尺寸时，最重要的就是决定作为基准的边角。如此一来，在进行装订时只需对准同一个边角即可。全部的纸张都用纸型裁切并排列成同样的方向，书口处就会相当整齐。用铅笔等工具在直角处画上记号，就不会弄错方向了。

在需涂抹木工用黏着剂的部分画上简单易懂的记号。这个步骤非常重要，若弄错涂抹黏着剂的位置，就会导致书本无法开合。挪动纸张时不改变纸张的方向，并在相反的长边处画下同样的记号。

若有这种工具会很方便。
在这种场合能够做出的原创工具。
纸型本身就能作为裁切用的直尺。

在纸型上粘贴双面胶后贴上直尺。先将纸张和直尺靠着木棒再粘贴，就不会产生误差。用黏着力较低的双面胶，就能随时将直尺粘到纸型的长边或短边上面。用封箱胶带等工具制作出把手，使用时会更加方便。

将纸张堆放整齐后，用夹子固定住。纸张夹上夹子后，若直接放到桌上会变得不平整，这时只需在纸张下面铺上木板等工具就能将它压平。

用刷子蘸取木工用的黏着剂后，在纸张的长边处涂抹约1cm宽度的黏着剂。天地部分不可涂抹黏着剂。操作过程中若感到疲倦，可先停止工作并稍微按压黏着处，让它们紧密地黏合在一起。

同一个方向涂抹完成后，用手从上面往下按压黏着处。

用夹子夹住另外一个边后，用同样的方法涂抹木工用的黏着剂。

内页完成了。

制作封面，装订封面与内页

封面的尺寸需稍微大于内页的尺寸，因此封面四边的长度需比纸型各多出1mm。不需准确地测量出1mm，长度差不多就OK了。

裁切1张封面的纸，再以这张纸为基准裁切另一张封面的纸。用美工刀直接靠着封面裁切会裁切得不精确，因此请先将封面靠着木棒，再拿掉封面，接着将木棒改为铁尺后裁切。
*裁切处用砂纸磨整后就会变得平滑。

在第一张内页的两边涂抹木工用的黏着剂，一边将四边的出血调整为同等长度，一边粘贴封面。这时天地部分不需涂抹黏着剂。用同样的方法将另一张封面粘贴在最后一张内页后，书本就完成了。

我要制作自己的饰品工房『a:buchiàdot』的型录。

我想收藏奥黛丽·赫本等优秀的外国女演员的照片。

我打算制作爱犬的相簿。

"制作书本时，最重要的就是将纸张裁切成同样的尺寸。如果能熟练地使用美工刀以及了解纸型的使用顺序，不仅操作时会相当流畅，完成后的作品也会非常漂亮。"

工房2
Part
II

缎带装订的笔记本

书籍装订师西尾彩老师会定期在工房中开设制书教室。她这次为了响应读者"我想制作造型简单又可爱的书本"的要求，而选择了缎带装订的笔记本。这种制书的方式即使是第一次制作书本的读者，也能轻松地挑战成功。

工具

- 直尺
- 纸胶带
- 美工刀　　　・骨笔
- 剪刀　　　　・铅笔
- 针　　　　　・刮勺
- 雕刻刀（可有可无）
- 蜜蜡（可有可无）

材料

- 内页用的纸　364mm×257mm×12张（B4直式）
- 封面　332mm×246mm×1张（横式）
- 缎带　宽6mm　70cm×1条，8cm×2条
- 木工用的黏着剂

制作内页

将内页用的纸对折后，用美工刀裁切。
先用骨笔压出折痕会比较容易裁切。

将裁切好的纸保持堆叠的状态并对折，再以2份对折的纸为一组制作出6台*内页，1台应为16页。
*台：为印张。1印张＝16页。

将内页的裁切处当作天的方向
并排列整齐，再将它夹入厚纸
板之间，接着将每张内页以天
对天、书脊对书脊的方向堆叠
整齐。最后用水稍微沾湿书
脊处，让它变软，再用压平
机压平。

*在家制作时，可在内页上面
压上重物并放置一天，让内
页的纸变得平整。

在厚纸板上面画出想在内页挖洞的位置
后（从天的部分开始10mm、26mm、
33mm、85mm、92mm、144mm、151mm、
170mm，共8处），用美工刀在记号处切割
出深度约1mm的孔洞。

*在家制作时，可在厚重的书本之间夹入厚
纸板＋内页的纸会比较好操作。

压平后的内页。

翻开一台内页的正中间那一页后，从外侧将针穿进天的最旁边的洞，再从旁边的洞穿出，接着将针绕过缎带后，穿进下一个洞。用重物压着内页会比较好操作。

先叠上第二台的内页，再从针线所在处穿线并重复⑥的方法，接着在针线穿出天的孔洞时将线打结。叠上第三台的内页，并用同样的方式装订。

在第三台的内页的地用锁链缝法缝制。将针线穿过第一台和第二台之间，再将针穿过线绕出的圆圈。

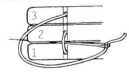

锁链缝法

将内页的天朝左侧摆放，并让书脊处面向自己。翻转一台内页，让它的天朝向右侧。用纸胶带将缎带固定在跟内页的孔洞一样的位置（从天开始26～33mm、85～92mm、144～151mm）。只有中间的孔洞使用70cm的缎带。将线裁切成可装订6台内页的长度（大约140cm），再涂抹上防滑用的蜜蜡，接着穿针。

第六台内页也用⑥的方式装订，将针线穿过第四台和第五台之间，并用锁链缝制。接着将针线穿过第三台和第四台之间，并用2次锁链缝法缝制后，紧紧地打结固定。将线的两端留下5mm左右的长度后裁切。

撕掉固定缎带的纸胶带，再将缎带的两侧调整为相同的长度，内页就完成了。

第四台内页也用⑥的方式装订，并在天的部分用锁链缝法缝制。将针线穿过第二台和第三台之间，再将针连同缝线的起始端一起穿过线绕出的圆圈，并紧紧地固定住。
第五台内页也用⑥的方式装订，将针线穿过第三台和第四台之间，并用锁链缝法缝制。

终于要制作封面了！选用什么颜色的纸张好呢？

纸张能选用自己喜欢的颜色，说不定也是制作书本的乐趣呢！

制作封面

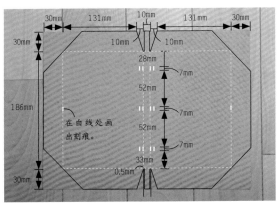

用于制作封面的版型A。请沿着黑线裁切纸张，图形上的虚线是折痕处。

裁切完成的样子。

用美工刀沿着版型A裁切。请先沿着虚线处画出折痕，再顺着折痕处将纸张往内折。

将缎带穿出封面。除了用刮匀会比较容易操作以外，也可以使用镊子。

将上下两端穿出的缎带留下15mm的长度后裁切，再用黏着剂固定住缎带。用雕刻刀（丸刀）将封面的角磨圆，书本完成后就不会被刮伤了。这个步骤结束后，书本就完成了！

看着逐渐成形的书本，更加期待它完成后的模样了！

创造更加独特的造型

在封面粘贴金箔，就能创造出不同的风格。

金箔的图案与粘贴的位置，都能随自己的喜好选择，因此更能增添书本的独特感。

将选好的模具加热，再将箔纸放到封面上面，接着用压模从上往下用力按压。操作时最好在封面下方铺上厚纸板等纸张。

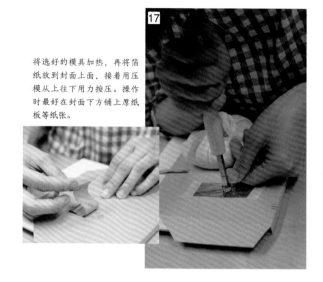

有很多可爱的图样，让人不知道该选择哪一种才好呢！

我要随身携带这本笔记本，用它描绘出我喜欢的风景。

我想将这本书当成"旅行日记"，在重要的旅途中书写经历！

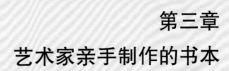

第三章
艺术家亲手制作的书本

在书本与纸张等领域相当活跃的艺术家若亲手制作书本的话，

每件作品都是世界上独一无二，且饶有特色的艺术品。

井上阳子：

拼贴书本

喜欢能展现复古质感的书籍

PROFILE
井上阳子

插画家、手工艺品老师，出生于日本滋贺县，毕业于京都造型艺术大学西洋绘画组。她除了专门绘制杂志和书籍等封面以外，也会和杂货的厂商共同设计产品包装及文具造型。

右边这本大尺寸的书是将西方的书以拼贴的方式改造而成的。其他则是将西方的书以拼贴的方式改造而成的"*Paperback Series*"。

拼贴是将各式各样的材料排列组合后粘贴在画纸上，属于一种艺术的表现手法。手工艺师井上阳子小姐善以纸、布、金属、照片等原创材料，创造出带有独特质感的拼贴作品。不过对井上老师而言，不只有纯白的画布能够作画，瓶子或盒子等各式各样的物品都是她的"画布"，而书本也是画布的一种形式。她从2005年开始创作拼贴书，至今已经完成100本书了。

"我虽然喜欢书本的样式，却总烦恼着要如何以拼贴作品的形式呈现书籍，于是有一段时间都在摸索中度过。刚好在那个时候，我有幸参观一家小型美术馆举办的'书本的展览会'，并欣赏到全世界的艺术家创作出来的琳琅满目的书本艺术品。我当时心想：'这些作品还真是有趣呀！'各式各样的书本造型，不仅让我非常感动，也激发了我的创作欲望。"

井上老师原本就相当喜欢书本所散发的氛围，她也以下列这段话，告诉我们亲手制作书本的魅力何在："先在纸张上进行拼贴，再将它们一张一张地装饰在墙壁上，就会成为一种固定的室内装饰。而拼贴书本不但可随身携带，且能摆放在任何地方当作装饰艺术品，并具有实用性，我认为这是它与拼贴画作最大的不同，这样的不同也能凸显出拼贴书本独特的魅力。"

"在我喜欢的书本的类型中，有一种名为*Paperback*的外国古书。我非常喜欢它用于内页的漫画原稿纸的粗糙质感。市售的笔记本常用这种特性打造出复古感，并且选用粗糙的纸张作为内页。因此我可以借由拼贴，直接将这种书本改造成自己喜欢的古书造型。"

"*Paperback Series*"是以国外的平装本为范本打造而成的。左边的2本书是新书的尺寸，右边的书是文库本的尺寸。

上边这本市售的笔记本，原本就有古书般的造型。下边的成品是将浸有颜料的纸张或和纸等事先准备好的材料粘贴在右边的笔记本上，再用素描的手法装饰。

"即使在创作过程中，我也不断地在思索作品的配色问题呢！像是'这部分用两种颜色吧'或是'试试看用白色作为底色会呈现出什么样的效果吧'，等等。不过有时也会发生粘贴完材料后，发现两者并不相称，于是又将纸张撕下来，或是反复地涂改搭配的颜色等状况。不论是拼贴还是绘画，两者设计与思考的过程中都是一样的。"

"虽然我大学时期专攻油画，但当我将颜料涂上画布之时，却产生了'我说不定不适合画油画……'这样的感觉。在那些迷惘的日子里，我突然萌生'试着将之前随手拍摄的黑白照片粘贴在画布上'的想法。"

"我将照片冲洗出来后贴上画布，并试着画上油画的颜料。当纸张被油浸透后，照片也会呈现出一种隐约可见的质感，真的非常漂亮。当时我就明白了，画布不仅可以用颜料作画，也能粘贴上纸张或照片，创作出各种作品。"

井上老师之后打算制作什么类型的拼贴书本呢？

"如果要选择的话，我比较喜欢使用纸质较差的纸。不过我也打算尝试使用上等纸质制作出跟法国手工书一样的作品。我会有这种想法，是因为几年前我得到了一本用上等纸张与活字印刷制成的图鉴，当时我就想着：'如果能做出这样的作品该有多好！'人真的是只要一看到好的作品，创作欲望就会被激发呢！"

"Paperback Series"之中的一本书。先粘贴浸有白色颜料的纸张，再粘贴上和纸，接着用素描的手法做装饰。

这些全都是井上老师亲手制作的拼贴材料。做法是在白色的纸、国外书籍、乐谱等各式各样的纸张上用压克力颜料进行彩绘。

井上老师想将收藏的古旧工具的照片、巴黎拍摄的照片集结成册，才制作出这本蛇腹折页书。她不仅将照片视作材料的一部分，还以粘贴透明纸张等方式进行拼贴，创造出复古的感觉。

井上老师在工作室里工作的情形。

BOOK'S FOR

CARTI

Cod Liver Oil

xis und

undlegung

ROBERT ULLSHOFER

TNIGHT FORBERT ULLSHOFER
ENSIONER.

Seiler in Leipzig

(4237)
BRITISH RLYS. (Western Region)
TO
DAWLISH

be a stationary sequence.

permits a representation

(n ≥ 2)

A. MEM
Portrait
R. CREV
Le clave
L ROUGI
Une faill
LA MET

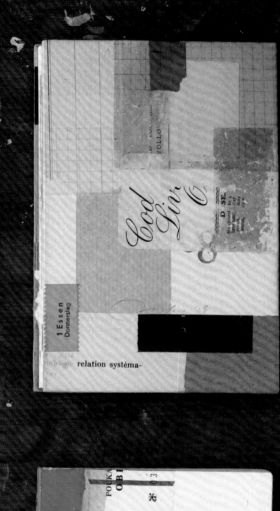

植木明日子：

笔记本包包

正因为非常喜欢这本书，才会想随身携带啊！

PROFILE

植木明日子（Ueki Asuko）

产品设计师，1977年出生于日本埼玉县，毕业于明治大学理工学部建筑学科，后在东京艺术大学大学院美术研究科建筑专攻学士课程。2004年设立布制杂货品牌"phrungnii"。2006年开始担任文具店"36"的管理者，以及经营自创的文具品牌"水缟"。2011年phrungnii与水缟的商品展示间"nombre"开始营运。她现在除了研发"Hobohi"的联合笔记本以外，也活跃于各种不同的场合。

在旅行中突然想书写感想或描绘图画时，不论是用传统手机或智能型手机记下灵感，都会有种意犹未尽的感觉，但若要从包中拿出笔记本却又非常麻烦。产品设计师植木明日子老师这次特别亲手制作适用于这种场合的笔记本包包。这种像包包一样，能垂挂在肩膀上并随身携带的笔记本特点，是源于植木老师创立的phrungnii品牌人气商品——Bookpacker。她以基本的设计搭配"若有这种笔记本就好"的创意巧思，展现出独特的个人风格。

"不少人都会有买了可爱的笔记本，却因为太过珍惜或害怕磨损，不得不谨慎地使用的经验。因此我才会尝试将内页用纸改变成能够自由拿取的形式。而这个灵感来自想将笔记本的封面做成'如手提包般，可包覆并保护内容物的样式'的想法。我认为这么一来，不仅不用担心书本磨损，使用起来也会更加轻松愉快。"

植木老师为了回应大家"想以能轻松取得的材料，以及简单的方法制作出书本"的要求，这次选择以包装纸来制作封面。

"包装纸有很多可爱的样式，我自己也有很多因为喜欢而舍不得丢弃的包装纸，于是就想用它来制作书籍。我这次制作的笔记本因为尺寸不大，使用起来非常方便，相当适合当作备忘录。它的造型特色是在封面上装饰徽章，以及书脊的皮革设计。像这样能将喜欢的物品或稍微奢华的材料

笔记本包包是携带型的笔记本。大本的书是文库本的尺寸，小本的书是备忘录的尺寸。

"Bookpacker"是笔记本包包的设计原型。由下往上依次是国内旅游指南尺寸、地球的脚步尺寸、文库本尺寸（"国内旅游指南"与"地球的脚步"皆为植木老师设计的商品的名称）。

可一边将皮绳挂在肩膀上一边阅读笔记。

将皮绳夹在打开的页面再合上书本，皮绳就变成书签了。

用于文库本尺寸的纸张，从左到右依次是包装纸（比台纸大一圈的尺寸）、台纸（文库本封面的尺寸）、封面内侧使用的纸（比台纸小一圈的尺寸）。另外还需准备皮绳。

将台纸包裹并粘贴在封面用的包装纸上后，将准备好的纸粘贴在台纸的内侧，接着在封面的书脊上粘贴一圈喜欢的纸胶带。

用打洞器在书脊的上下两侧打洞，再粘上橡皮筋，接着将皮绳穿过上面的洞，最后在封面与橡皮筋之间夹入纸张就完成了。

装饰在作品上，也是手工创作有趣的地方哟！"

从小就热爱创作的植木老师，因为受父亲从事建筑设计的影响，选择学习建筑方面的专业。不过老师也注意到，"比起像建筑物那样的大型作品，我更擅长制作能自己做出样品的小巧作品"。于是便开始设计家具、灯具、背包等物。她在泰国旅行的途中，将"地球的脚步"放入亲手制作的Bookpacker原型书盒中，并垂挂在肩膀上行走，也因此遇到了提供销路建议的贵人。

"当然，我的商店并未因这件事就一帆风顺，我经常需要将商店中的商品一件一件地推销出去，也常因为赶不上交货期而受到顾客的责骂。但我并未因此而气馁，因为内心总觉得，如果亲自创作的作品能让人感到开心，自己也会非常快乐！"

现在Bookpacker不仅有"地球的脚步"的尺寸，也有文库本等其他系列。另外，老师也同时经营着phrungnii与自创的文具品牌"水缟"，并逐渐将商品拓展到其他领域。

"我想更进一步地挑战将顾客的愿望化作实际的作品。而且我有那种一被要求，就想让对方大吃一惊的顽强个性（笑）。不过，我从事这份工作的初衷，就是制作作品时感受到的乐趣。我非常喜欢制作书本的工具，所以每次使用美工刀时，总会感受到'能够从事这份工作真是太棒了！'的幸福感。"

备忘录尺寸。植木老师说："用喜欢的纽扣代替徽章做装饰，也会很可爱哟！"

植木老师的商品展示间"nombre"。墙壁上的装饰是老师设计的月历。

川口伊代:

la fleur

将绘画制成书本展现出故事般的氛围

PROFILE

川口伊代（Kawaguchi·Iyo）

插画家，1985年出生于日本埼玉县，毕业于名古屋造型艺术大学设计科，以及Palette Club School。她不仅负责佐藤正午《命运的故事》、西加奈子《穿边的鱼》、川上未映子《夏天的入口、花纹的出口》等书本装帧的插画，也曾绘制成底优子《宝TAKARA》CD封面。

la fleur

这本 *la fleur* 集结了花朵的绘画，并以骑缝装订制成A5尺寸。川口老师不只在进行装帧的工作时会描绘出符合故事内容的插画，她平常就会一边思考画作内容与呈现氛围一边作画。

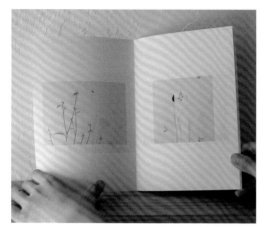

《虞美人花》是川口老师以自己的印象描绘出来的作品。老师在插画上覆盖玻璃纸，展现出带有朦胧感的世界观。

左页的花是红色的千日红。右页是突然看见蝴蝶的少女。

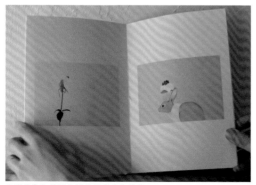

右页是参加糖果企划展时所画的插画。

川口伊代老师是位插画家，她不仅常为畅销小说家的各种单行本进行装帧，以前也常自己制作小册子。老师特别为此单元创作的新作品就是 *la fleur*，这本书在法语中是花的意思，是从她至今完成的画作中，挑选出以花为主题的作品集结而成。书籍不仅色彩相当丰富，也活用故事书的特性来创造犹如小说般的氛围。

"一回顾国小、国中、高中和美术社的生活，就会发现自己似乎一直都在画画。不知道是不是因为这样，我无法将在装帧工作时进行绘画，以及画出喜欢的画再制成手工书当成两件事情看待。对我来说，这两者都属于'绘画的表现'。"

la fleur 是将A4的纸张对折后再用线装订而成，做法非常简单。不过老师考虑到画的世界观与构成，特地选用玻璃纸制作封面。因此在制作书本时，只要跟老师一样花费一些小巧思，就能创造出符合绘画氛围的书本。

这本名为 *teosoerukoto*（《援助的手》）的小册子，也能让人感受到川口老师的手工书风格。

"因为我喜欢手的形状，所以画了不少与手有关的插画。而且不知道从什么时候开始，我就打算整理我的绘画作品并集结成书。我当时就想，既然都要制作书本了，那么就来制作有故事性的作品吧！于是，我以'援助的手'为主题，在每幅画作上面添加了合适的文句。"

用模拟打印机将玩具相机拍摄下来的照片印制出来，再集成
kiroku to kioku。

另外，老师最近为了增加创作的类型，似乎也打算将自己拍摄的照片亲手制成作品集。

"我喜欢玩具相机拍摄出的朦胧感，所以我总会随身带着它，并用它拍下自己喜欢的景象。我经常会在住家附近或旅行时拍下花、飞机、烟斗等随处可见的东西，在不知不觉间，照片的数量已经能集结成书了，于是我就想着'干脆试着制成作品集好了'。"

老师选择的书本形状，是她从学生时期就相当喜欢的蛇腹造型。她选择蛇腹造型的其中一个原因，是因为它能以充满趣味的形态来衬托照片。这种书籍类型的做法，是先制作2张以纸包裹住厚度1mm的插画卡纸的材料，再将3张纸粘贴在一起，创造出蛇腹的造型。粘贴完成后，就是一项几乎让人猜不透制作方法的手工艺品了！

川口老师平静地述说着："我制作手工书时，总是保持着'我想将作品的含义完整地传达给前来欣赏作品的读者'。即使不是所有人都会为此感到惊喜，但只要有人能在欣赏后，了解到作品的含义，我就会觉得非常值。"

"我最近对诗相当有兴趣，所以想尝试制作包含插画与诗文的绘本，并将喜欢的照片和插画搭配在一起。若自己亲手制作书本，就能自由搭配画作与其他的素材，展现出各式各样的造型。我时常从拓展作品表现方式的过程中，感受到制作手工书的乐趣。"

teosoerukoto（《援助的手》）的封面灵感来自老师最喜欢的鹿。

作品的内页由7幅插画和文句构成。这一本短篇作品的故事从封面的"teosoerukoto"开始到"teosoerukoto"结束。

川口老师开心地述说着关于作品的事情。

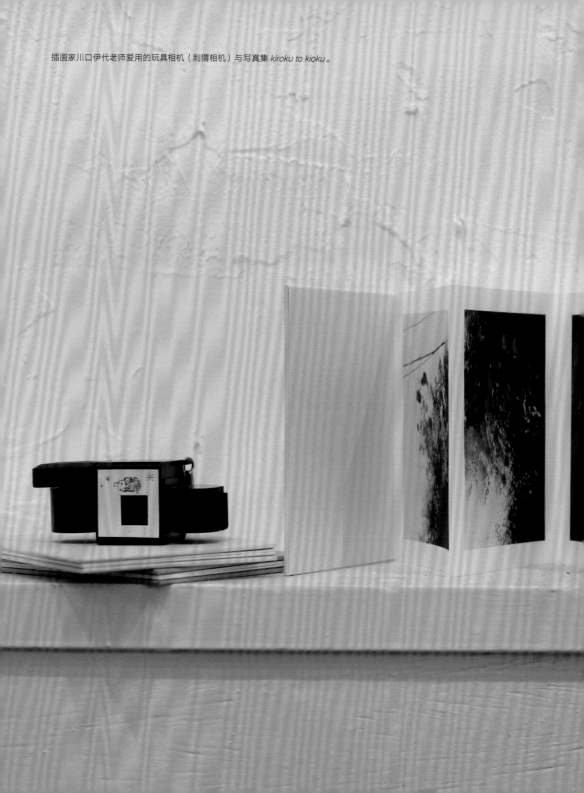

插画家川口伊代老师爱用的玩具相机（刺猬相机）与写真集 *kiroku to kioku*。

Yuruliku:

邮票收藏册

将自己想要使用 的物品制作成 实用的样式

PROFILE

Ooneda Kinue

设计师，出生于日本神奈川县，毕业于女子美术大学。她在文具公司负责企划、设计贺年卡与博物馆纪念品等，之后成为独立工作者。

池上幸志（Ikegami·Koushi）

设计师，出生于日本福井县，毕业于京都工艺纤维大学。他在纺织公司不仅负责策划汽车内部装潢的概念，也担任设计、材料的开发等，工作范围非常广泛。他同时也是Yuruliku DESIGN的老板。

No.1和No.2邮票收藏册的尺寸能放入一套邮票。最上面的作品是明信片的尺寸，可收纳零散的邮票及明信片。

"Yuruliku DESIGN"是池上幸志老师和Ooneda Kinue老师一同开设的创意工作室。两人一起设计的原创文具品牌Yuruliku的商品，几乎全都是以手工制作而成。

这两位致力于"手工创作"的老师，这次为我们制作的作品是邮票收藏册。它有两种尺寸，一种是能收纳整套邮票的尺寸，另一种是能收纳零散邮票的尺寸。Ooneda老师也以下面这一段话为我们解说了这次的创作灵感：

"其实我们只是因为平常收藏的邮票套票，已经多到无法整理的地步了，才想借由这个机会制作收纳册。而且收纳册的尺寸可同时收纳零散的邮票与明信片。我们都喜欢在旅行的途中收藏当地的邮戳，所以经常会带着明信片到处旅行。于是我们就想'如果有明信片尺寸的邮票收藏册，就能方便携带并随时整理零散的明信片了'！"

Yuruliku的基本理念是打造出"实用的物品"。因此他们的商品不仅是实用的工具，也是自己相当喜爱的手工作品。

池上老师说："我们每次在创造作品时，都会考虑到它的用途和使用方法。"

他们是凭着"我想做一般公司办不到的事情"的信念开设了Yuruliku。虽然如此，但凭着一己之力能做到的事情毕竟有限，于是他们从日常生活的必需品中获得灵感，并以两人从前就很喜欢的文具为主要商品，开始以自己的双手创作出各式各样的作品。

Ooneda老师说："我因为曾在文具制造商的公司里上班，所以非常了解纸类的相关知识；池上老师因为曾在纺织设计商的

将2张用于封面与内页的玻璃纸对折，再用裁缝机将折痕处装订起来，接着用制书用的胶带固定住书脊处就完成了。

明信片尺寸的邮票收藏册的内页。封面制作成绕线文件袋般的样式，可防止零散的邮票掉落出来。

老师亲手制作的展示会DM，信封的材质为蜡纸，DM的材质为牛皮纸。DM是用裁缝机装订后制作成三角形。

池上老师专门负责用裁缝机来制作缝线装订的笔记本。他说："当我还是上班族时，为了想自己制作包包而到进修学校学习缝纫，中途虽然停了一段时间，但现在却非常沉迷，这真的是我最喜欢的工作！"

这个月历文件夹（2007年的版本）以手工制作而成，它的设计灵感来自随处可见的笔记本。

老师们在工房中的情形。Yuruliku取自yururi和yukkuri（两者在日文中都有舒适、缓慢的意思）。

内页中收纳的每一张月历的设计都非常符合当月的氛围。

这本名为《雪之日》的绘本集结了Ooneda老师自制的木版画与文句，是她因兴趣创造而出的作品。

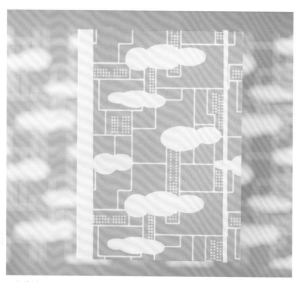

下方的纸是TOWN，是由池上老师设计花纹，再由Ooneda老师以丝网印刷印制而成。上方的文件夹的做法是用TOWN包裹住台纸后固定，再用制书用的胶带固定住书脊的部分。

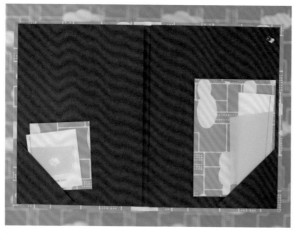

内页中收纳的是迷你卡片和信纸组。

公司里上班，所以非常了解布的相关知识。于是，我们运用各自的专长，以拼布的方式创造出意想不到的作品，而这就是Yuruliku的商品特色。"

他们从前研发出的信纸组＆文件夹，也是以各自的专长亲手打造出来的商品之一。池上老师以在纺织设计厂上班的经验，设计出以建筑物和云为主体的街景花纹。而Ooneda老师则以丝绸印刷的方式将花纹印制在纸张上。他们将带有这种花纹的纸取名为TOWN，并用它亲手制作出信纸组＆文件夹等作品。

Ooneda老师说："我们两个擅长的专业领域虽然不同，却都非常喜欢一边思考，一边动手创作。而且我觉得亲手制作文具的过程真的非常快乐！"

"我们真为许多人都在使用我们亲手制作的商品而感到开心。"

"我们今后不仅打算要增加文具商品的种类，也想尝试制作生活用品。若能以'用自己的双手打造出自己想要使用的物品'的想法不断创作下去，并增加自己的创作类型，一定能累积更多的成就感，丰富自己的生活！"

这本是伍迪·艾伦的短篇集*Without Feathers*改装书。

橘川干子：

改装书

将喜欢的书本
重新改装后就
会更爱它

PROFILE

橘川干子（Kitsukawa Motoko）
平面设计师，出生于日本神奈川县。
她本身从事书本装帧与杂志设计的工
作，并从2008年开始制作手工书作
品，擅长将古旧的文库本改装成精装
书。她还在2009年举办个展"Only
the Book最喜欢的书本"。

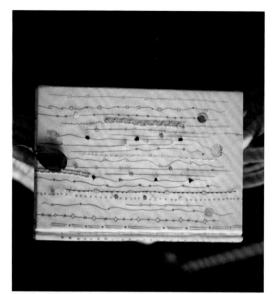

鲍西斯·维昂《岁月的泡沫》改装书，主要以串珠搭配刺绣来表现故事中的正向情节。

《岁月的泡沫》的蝴蝶页为黑色，扉页为粉红色。

所谓的"改装书"就是将书籍原本的封面以不同的材质、花纹改造，而它也是一种非常受欢迎的手工书类型。平面设计师橘川干子老师就是被改装书魅力所吸引的民众之一。

"越是喜欢的文库本，反复阅读的次数就会越多。但是经常性地翻阅常会造成书本磨损，让封面变得破烂，而我每次看到书本变成这样，都会心生怜惜，想把它装点得漂亮一些，这就是我开始制作改装书的原因。"

橘川老师谦虚地表示："我都是以从教学书上习得，再搭配自己的想法与独创技巧等方式制作书本的。"也正因为如此，橘川老师才能用自己喜欢的刺绣与擅长的插画，一边表现出带有自我特色的"书本世界"，一边扩展创作的类型。

她说："我在改造我最喜欢的伍迪·艾伦短篇集 Without Feathers 时，选用了圆点的设计来展现故事中的纽约印象，并特地装饰上羽毛来衬托出作者爱好嘲讽的特性。我改造的另外一本书是自己很喜欢的作家鲍西斯·维昂的《岁月的泡沫》，它的故事同时拥有正向、积极与负面、恶毒这两种面向，述说着人生的无常。所以，我以串珠装饰封面，创造出闪亮、正向的感觉，蝴蝶页选用黑色的纸，扉页则选择抢眼的红色，借此打造出如故事情节般，让人意想不到的设计。"

完成后的 *Without Feathers* 的改装书。它选用不同的颜色来制作蝴蝶页，再将封面粘贴在拆解的书本上面。

茨木典子的《活在我们心中的人们》改装书。内文是身为诗人的作家，以诗人的视角描写众多诗人半辈子的故事。"故事中的人物都像小草一样坚韧地活着，所以我在封面绘制了原野的花草。"下方的插画是封面设计的原图。

约翰·艾文的The 158-Pound Marriage。封面设计主要采用数字的造型以搭配书名的158磅。"为了展现出作者约翰·艾文的时尚感，以及故事中摔跤选手的滑稽感，我试着将封面设计成数字的造型。"

"在设计商品时，需要考虑到'作品想要传达的含义'。但是制作改装书时，只需表达出自己非常重视书本的感觉就可以了。封面如果没有书写书名，就能够随心所欲地创作出自己喜欢的风格，甚至装饰上自己的画作都没有问题。当然，传达作品的含义也是创作的乐趣之一，不过有时还是会想随着自己的感觉创作，以满足自己的创作欲。"

橘川老师表示，制作改装书的过程，就跟在书写个人感想时一样有趣。"我原本就非常喜欢书本呈现出的造型与氛围，所以才会选择从事设计书本与杂志这份工作。"她信心满满地述说着自己对于"书本"的热爱。

"翻开书本的扉页后，就能看到书中的故事，所以我常认为书本就像藏宝箱一样。而人也是一部由生老病死交织而成的壮丽故事，这点总让我感到非常惊奇。我一直觉得破烂的书本就跟生重病的人一样非常可怜，所以才想要修复它们。"

橘川老师接下来想要尝试改装的书，是她小时候阅读的童话和绘本。

"人与书或许一生只有一次相遇的机会，因此得好好珍惜与你有缘的书本，在它变得斑驳破烂时好好地治愈它，如此一来，你就会更加珍惜并喜爱每一本书。"

正在绘制封面插图的橘川老师。她在改装书本时，通常会从绘制封面开始。"平常工作时经常会使用计算机，所以有时也会想活动一下手指。而且一边专心思考自己喜欢的书籍内容，一边决定'是刺绣好呢，还是缝制亮片好？'这些过程都让我乐在其中！"

橘川干子老师改装的书本。由下往上依次是《格林童话》、内田百闻的*Noraya*、安东尼·伯吉斯的*A Clockwork Orange*、莎岗的《日安忧郁》。

亲手制作手工书

5

橘川千子

文库本的改装书

橘川千子老师以她的改装书作品作为教材，传授我们改装文库本的方法。

工 具

- 直尺
- 美工刀
- 切割垫
- 骨笔
- 刷子

材 料

- 喷墨油画布（用于制作封面）
- 纸（用于制作蝴蝶页）
- 厚度2mm的厚纸板（台纸）
- 布衬
- 寒冷纱
- 书头布
- 作为书签的缎带
- 木工用的黏着剂

*不包括制作插画与刺绣的工具

制作封面

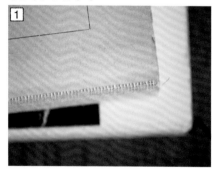

小心地拆开书本的封面，再测量书本的尺寸，接着以测量的尺寸为基准，用2mm的厚纸板制作2张封面，用台纸制作1张书脊。"每一本文库本的尺寸都有些微的差异，因此每次改装文库本时都需测量书本的长度。"

可依照自己的喜好在印刷完成的布上面做装饰，例如：刺绣或粘贴其他花样的布。

描绘符合书本内容的插画。"我使用的工具是水彩色铅笔。它不仅笔芯柔软、容易上色，也能以叠色的方式呈现出如油画般的独特质感。"

先将插画扫描到计算机，再打印到"布质且无黏着剂"的喷墨油画布上面。布的四边需保留大约1cm的长度用于粘贴。

将印刷完成的布裱褙。制作书本一般是用书法的半纸，不过若布因刺绣等缘故变得较厚时，就会用熨斗来粘贴布衬。

制作内页

挑选制作蝴蝶页的纸，再裁切成一面封面的2倍尺寸。"挑选制作蝴蝶页的纸是一项开心的工作。将各种纸张排列在桌上后，一边试着搭配书头布与缎带，一边挑选出合适的样式。"

依照下列顺序制作，就能轻松地完成内页的装订。粘贴自制的扉页→四边各保留5mm的距离再粘贴蝴蝶页→上下各保留10mm的距离再粘贴寒冷纱→粘贴书签线→粘贴书头布→粘贴与书脊同等尺寸的牛皮纸→内页完成了。

装订封面与内页

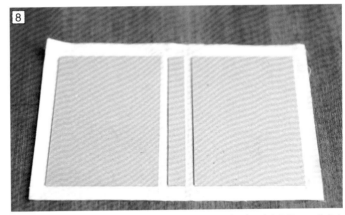

用木工用的黏着剂将台纸粘贴在裱褙完成的布上面。将纸张的四边各保留15mm的空白处，书沟处则保留9mm的空白处，接着粘贴厚纸板。

将四边的纸依照天地、左右的顺序包裹住厚纸板并粘贴。

将封面粘贴在一面蝴蝶页上面，并于天地方向各保留3mm左右的出血。若没有压平机，可将竹签放在书沟处再压上厚重的书本，大约放置1天，书本就完成了。

文库本

内田百闻的*Noraya*
（橘川千子）

封面的插画以色铅笔描绘
而成，主要是想表达猫咪
走失时主人的忧虑心情。

各式各样的书本6
改装书

所谓的"改装书"就是改造自己喜欢的文库本或市售的笔记
本，并创造出独一无二的设计。

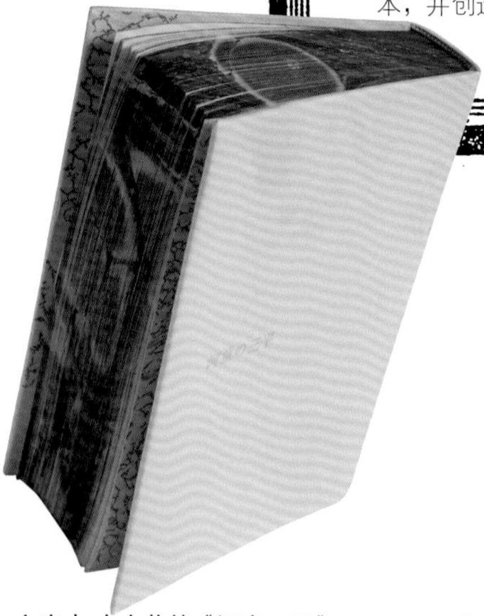

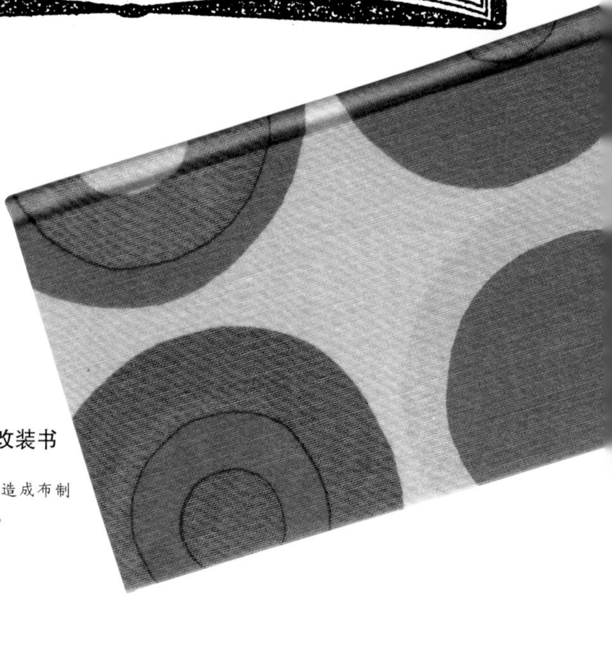

文库本 水木茂的《河童三平》
（井上夏生）
将最喜欢的《河童三平》改造成自己喜
欢的风格，并选用带有透明感的羊皮纸
来制作封面。

新书的改装书
（山崎曜）
将书本改造成布制
的精装书。

原创封面的笔记本
（山崎曜）

山崎老师将市售的文库本笔记本改造成布制封面的精装书。

文库本
安东尼·伯吉斯的
A Clockwork Orange
（橘川干子）

因为故事中出现了很多特殊的单字，于是橘川老师先用色铅笔将那些单字描绘在封面再刺绣，接着搭配合成皮革创造出带有未来感的封面造型。

改造《格林童话》的
文库本
（橘川干子）

橘川老师为了衬托出《格林童话》的氛围，先在计算机上描绘了日本树莺和猫咪等动物的插画，再进行打印并制成封面。

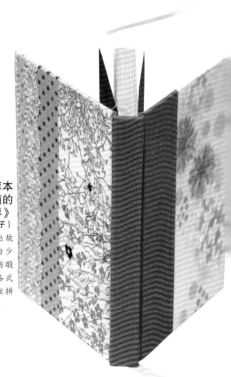

文库本
森茉莉的
《我的美丽世界》
（橘川干子）

橘川老师为了展现出故事中的独特世界观与少女感，特地选用雪纺缎带制成书签，再以各式各样的布与古董蕾丝拼贴出独特的封面造型。

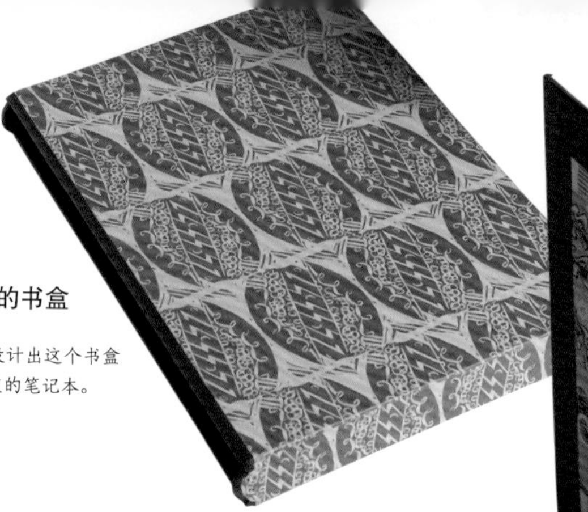

收纳笔记本的书盒
（井上夏生）
井上老师特地设计出这个书盒
来收纳圆背线装的笔记本。

各式各样的书本7
书盒造型的书本

书盒虽然可用制作书本的技术打造出来，但想制作出尺寸精确
的书盒却需要高超的技术。这部分介绍的美丽书盒全都是制本
家们亲手打造的作品。

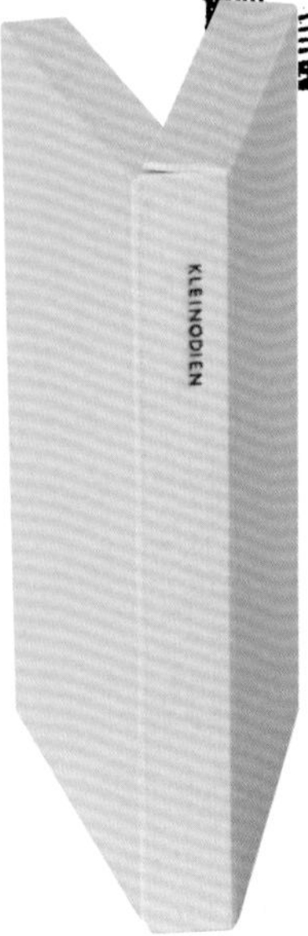

收纳古书的夫妇箱
（西尾彩）
西尾老师特地设计出这个单面书
盒来收纳自己喜欢的国外书。

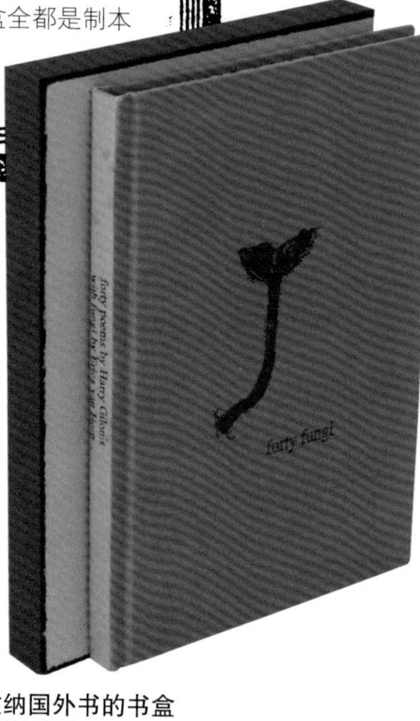

收纳国外书的书盒
（西尾彩）
西尾老师在书脊处粘贴寒冷纱创造出随兴的感觉。

收纳国外书的书盒
（西尾彩）

这个书盒专门用于收纳国外的
古书，因此采用3种颜色的基本
设计来搭配国外书的封面。

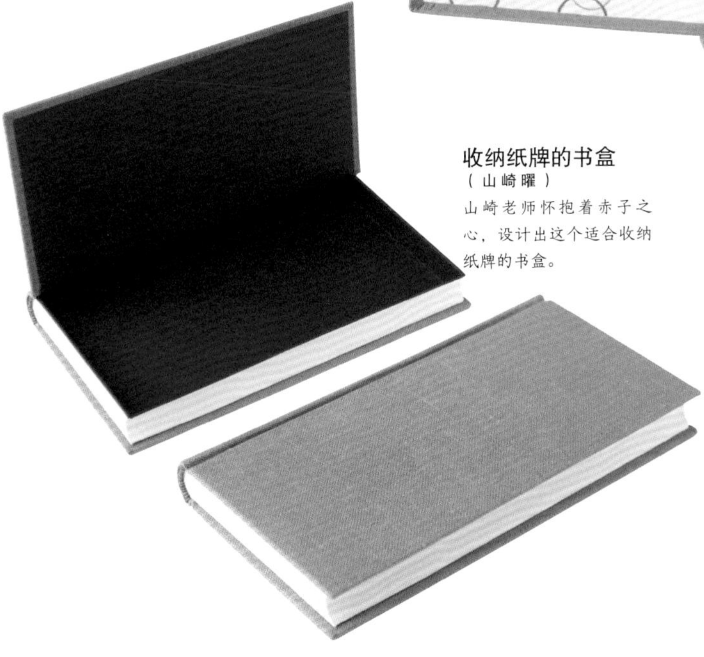

收纳纸牌的书盒
（山崎曜）

山崎老师怀抱着赤子之
心，设计出这个适合收纳
纸牌的书盒。

收纳文库本的书盒
（山崎曜）

山崎老师发挥自己的创意巧思，在书盒上装
饰了缎带，让拿取书本变得更加方便。

蛇腹造型的笔记本
（井上夏生）
这本书选用结构色的制书专用的布
来制作封面以创造出和风感。

各式各样的书本8
想知道更多的书本造型

这部分介绍的书本造型都相当独特、有趣，甚至连制书的方式
也跟先前介绍的有所差别，像是蛇腹造型的书本，或是不经过
装订的书本，等等。

蝴蝶螺丝装订式的档案夹
（井上夏生）
这种制书方式是分别制作封面
与书脊，并借由书脊的颜色来
改变书本的氛围。井上老师利
用封面的壁纸设计创造出适合
夏天的造型。

科普特式装订法的笔记本
（井上夏生）
这是科普特教徒为了装订《圣
经》研发出的制书方式。

悬挂式的字典改装书
（山崎曜）

这本改装书的创意源自日常生活中常用的字典，山崎老师不仅在封面的两端添加了方便提起的把手，也在内页的地的部分装饰上了English、Japanese的文字，打造出《英日字典》的氛围。

卡片备忘录
（山崎曜）

想要制作相簿只需将厚纸的一个边折起来，再将纸张粘贴在一起即可。而这个作品的做法就更简单了，只需将纸张的一个角粘贴在一起就完成了。这个创意的方法能让人享受搭配不同材料的乐趣，像是用名片粘贴成作品，或是装饰上朋友寄来的卡片，等等。

红包袋的作品（山崎曜）

这个作品的做法与左边的"卡片备忘录"相同，只是将卡片改为红包袋而已。平时只需利用"将纸对折后粘贴，信封就……""将信封集结成作品书……"等巧思，就能将平面的纸张打造出立体感。

红包袋与纸箱的作品
（山崎曜）

将红包袋的一个角夹入纸板之间，再用线连接起来。每当线拉紧时，红包袋就会缩入纸板之间。

工具以及材料

这部分将介绍制作手工书常用的工具与材料，熟练地使用工具的秘诀。

基本的工具

这部分介绍的是制作书本的基本工具。

*采访·协助摄影 MARUMIZU-GUMI

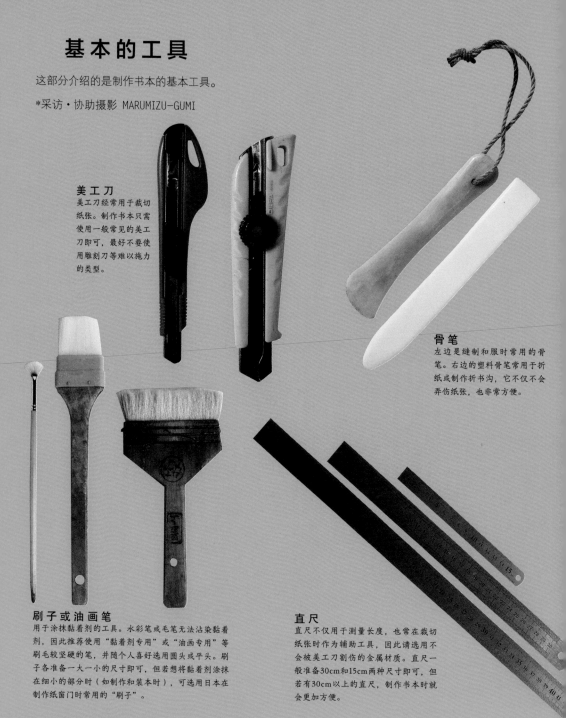

美工刀

美工刀经常用于裁切纸张。制作书本只需使用一般常见的美工刀即可，最好不要使用雕刻刀等难以施力的类型。

骨笔

左边是缝制和服时常用的骨笔。右边的塑料骨笔常用于折纸或制作折书沟，它不仅不会弄伤纸张，也非常方便。

刷子或油画笔

用于涂抹黏着剂的工具。水彩笔或毛笔无法沾染黏着剂，因此推荐使用"黏着剂专用"或"油画专用"等刷毛较坚硬的笔，并随个人喜好选用圆头或平头。刷子各准备一大一小的尺寸即可，但若想将黏着剂涂抹在细小的部分时（如制作和装本时），可选用日本在制作纸窗门时常用的"刷子"。

直尺

直尺不仅用于测量长度，也常在裁切纸张时作为辅助工具，因此请选用不会被美工刀割伤的金属材质。直尺一般准备30cm和15cm两种尺寸即可，但若有30cm以上的直尺，制作书本时就会更加方便。

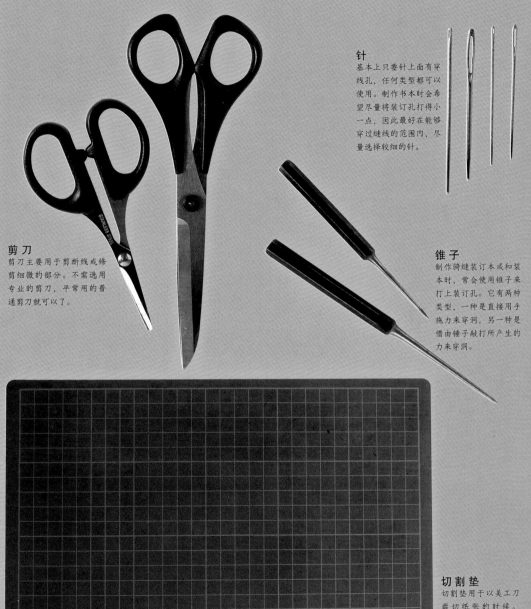

针

基本上只要针上面有穿线孔，任何类型都可以使用。制作书本时会希望尽量将装订孔打得小一点，因此最好在能够穿过缝线的范围内，尽量选择较细的针。

锥子

制作骑缝装订本或和装本时，常会使用锥子来打上装订孔。它有两种类型，一种是直接用手施力来穿洞，另一种是借由锤子敲打所产生的力来穿洞。

剪刀

剪刀主要用于剪断线或修剪细微的部分。不需选用专业的剪刀，平常用的普通剪刀就可以了。

切割垫

切割垫用于以美工刀裁切纸张的时候。若切割垫上画有方眼格，就能以上面的线为基准将纸张对齐。选用A2左右的尺寸，操作起来会非常方便。

基 本 的 材 料

这部分介绍的是制作书本的基本材料。

*采访·协助摄影 MARUMIZU-GUMI

布

布经常用于制作封面。已裱褙的制书用的布不需经过处理就能直接使用，真的非常方便。

纸

选择内页用的纸时，最重要的就是"基数"（日本是以kg来表示印刷用的纸的重量）。制作书本常用70kg左右的纸，而制作袖珍书则推荐使用40kg左右的薄纸，至于绘本等类型则推荐使用100kg左右的纸。

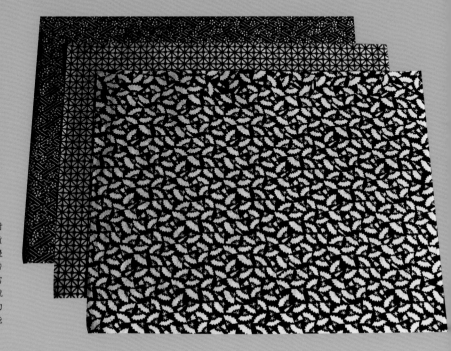

和 纸

和纸经常用于制作封面。它的缺点是因材质柔软，常导致黏着剂浸湿到另外一面。不过若用于制作和装本等不需涂抹黏着剂的类型，就没有这种问题。而它的优点则是材质优良，能长时间保存。

寒冷纱
用于补强书脊。左边是裱褙好的寒冷纱，右边是织入毛线的寒冷纱，后面是尚未裱褙且纵横线条明显的寒冷纱。纵横线条的多寡取决于寒冷纱的质量，而线条越多，表示布料就越坚固。

厚纸板
常用于制作坚固的封面，可根据制作的书本类型来选择厚纸板的厚度。

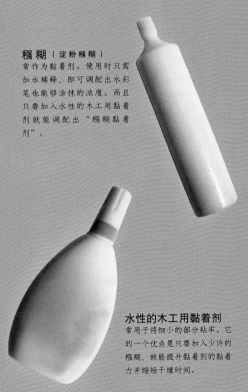

糨糊（淀粉糨糊）
常作为黏着剂。使用时只需加水稀释，即可调配出水彩笔也能够涂抹的浓度。而且只要加入水性的木工用黏着剂就能调配出"糨糊黏着剂"。

制书专用的麻绳（右）、麻线（左）
制作书本时常需拉紧缝线固定，因此需选用没有弹性的麻线。作为直轴的麻线非常重要，它不仅需要支撑书本，也需要能够在制作错误时快速地解开，因此不适合使用捆绑行李的麻绳。

水性的木工用黏着剂
常用于将细小的部分粘牢。它的一个优点是只要加入少许的糨糊，就能提升黏着剂的黏着力并缩短干燥时间。

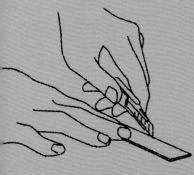

熟练地使用工具的秘诀

*采访·协助摄影 手工制本家 山崎曜老师

秘诀1：寻找纸的丝流方向

纸在制作的过程中所产生的纤维方向就叫作"丝流"。

若木工用的黏着剂没有顺着丝流的方向涂抹，那个部分的纸就会呈现凹凸不平的模样，而完成后的书本可能会因此变得难以使用甚至损毁。这个小细节非常重要，制作书本时一定要特别注意。

POINT

用手将纸张折弯后，观察丝流的方向。

将纸张轻轻地对折并用双手按压纸张，容易弯曲的那一个方向就是纤维的平行方向。经常用双手感觉纸张的弹性，就能熟练地分辨出丝流的方向。

用水在纸张上面涂抹"十"字线条，就能清楚地了解丝流的方向。丝流的相反方向会如照片中一般呈现凹凸不平的样子。因此制作书本若用含水的黏着剂（木工用黏着剂或淀粉糨糊），一定要将全部的纸张的丝流方向与书脊呈平行的方向摆放。

秘诀2：整理纸张

想将几张纸整理整齐时，若直接将它们咚咚地敲打在桌上，根本没有办法迅速地整理整齐。整理纸张虽然不如想象中简单，但是只要记住诀窍就能快速地完成这项工作。

POINT
试着用手将纸弯曲
这个动作的诀窍是让空气注入厚重的纸张之间。

1 将纸张搓散后向内弯曲，再保持这个状态并牢牢地抓住纸张。

2 保持着用手抓住纸张的状态将纸向外摊开，这样空气就会注入纸张之间。

4 纸张之间有空气后就不会产生摩擦，因此可顺利地整理整齐。

3 稍微放松抓住纸张的力道，再将纸由上而下咚咚地敲打在桌上，让它们对齐。

5 将整理好的纸张放在桌面上，再用手仔细地抚平纸张，让空气散去，这样纸张就不会滑开了。

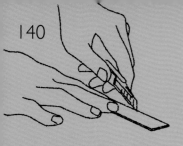

秘诀3：美工刀的用法

制作书本时经常需要进行"裁纸"的工作。因此裁切纸张时，最常使用的工具就是美工刀。

POINT
用于标记尺寸

美工刀不仅用于裁切纸张，也用于标记裁切的位置。用铅笔画下记号容易因为笔芯的粗细造成裁切上的误差。用美工刀标记的优点是用刀尖在裁切处画下记号，就可于裁切时沿着刀痕处裁切且不会造成误差。

画下裁切处时，如照片中的姿势使用美工刀，就能清楚地看到直尺上的长度和刀尖的位置。

裁切纸张时，诀窍是食指靠着美工刀，中指贴放在直尺或纸张等平面。

POINT
如用铅笔画线般不需用力

将铅笔靠着直尺等工具画线时，笔尖处自然就会在纸张上留下线条，而且不论重复画几次，线条都会保持在同样的地方。美工刀的用法就像铅笔一样，只将它轻轻地画过纸张即可。如果无法一次裁切完成，只要在同一个部分重复地进行裁切，直到成功即可。

POINT
将刀尖靠着直尺的边裁切，
结果刀片竟然稍微弯曲了

若靠着木棒等有厚度的工具裁切时，刀片露出2~3节的长度会比较容易操作。若靠着厚度较薄的直尺裁切时，刀片即使只露出1节的长度也没问题。将呈现倾斜角度的刀尖靠着直尺，刀尖和直尺就会相当伏贴。

适当的用法

若将刀尖处轻轻地靠着木棒且不用力，就能轻松地裁切纸张。请注意不要用上面那张照片的方式使用美工刀。

不适当的用法

若将刀尖处靠着木棒并用力地裁切纸张，不仅刀尖会偏离木棒，刀片也可能因此卡进木棒中，甚至割伤手指。

POINT
不是"裁切"而是"画下刻痕"

若觉得自己是在"裁切"就会在不知不觉间用力，因此只要想着自己是在"画下刻痕"，就不会过度用力了。"刻痕"会随着刀片画在纸上的次数而加深，当"刻痕"够深时，纸张就会自然地分开了。

STEP UP
尝试裁切厚纸！

裁切厚纸的诀窍与裁切普通的纸相同，只需轻轻地裁切1~3次即可。纸上出现刻痕后，可拿掉直尺并直接用美工刀裁切。而这时5只手指都需牢牢地握住美工刀，一边注意让刀片和纸张呈现垂直的角度，一边轻轻地画下刻痕。纸上的刻痕会随着裁切的次数加深，因此裁切时可随着刻痕的深度慢慢地增加力道与刀片的长度，直到裁切完成。

POINT
站着裁切纸张

制作精细的部分时，不适合使用这种方式。不过用美工刀裁切纸张时，站着比坐着更能自由地使用身体的力量，因此操作时也会更加轻松。特别是在裁切厚纸时，不移动手腕、手肘、肩膀，而是借由全身的力气来裁切纸张，手就不会因用力过度而颤抖。

POINT
重复裁切纸张且不用蛮力

若打算一次裁切完成，一定会使用过多的力气，这样不仅会导致刀片弯曲，也容易割伤手指。裁切纸张的诀窍是不用力并反复地裁切直到裁切完成为止，而且一定要从纸张的起始处开始裁切。裁切厚纸板等厚纸时，一定要注意这项诀窍。

秘诀4：直尺的用法

直尺是测量长度的工具，也是用美工刀直接裁切纸张时的辅助工具。

POINT
确认刻度的位置

铁尺的上下两端都有刻度，而其中一边的刻度比较精细，却容易导致看错刻度的状况。山崎老师说："我在用美工刀画记号时，都是靠近裁切处的刻度，所以为了避免看错刻度，我都会选择用间距比较大的那一边。"

POINT
选择适当长度的直尺

若想裁切A4尺寸的纸或制作A5尺寸的书本，最好使用操作方便的30cm的直尺。而想裁切较短的边时，最好使用15cm的直尺。在操作过程中，若直尺的长度和重量不随裁切的尺寸而改变，容易因为直尺的重量不够导致纸张偏移，因此为了让裁切时更加方便，请适时地使用不同尺寸的直尺。

STEP UP
活用三角板！

三角板的优点是什么？

制作直角或裁切时，不仅可以用直尺来辅助，也能选用30cm左右的三角板。它的优点有两个，一个是在裁切时可借由三角板本身的面积固定住纸张，另一个是可借由它的透明材质清楚地看见裁切的记号。

将三角板的缺点转化为优点

三角板原本是用于制图的工具，而不是裁切时的辅助工具，不过山崎老师却将它作为工具。"现在市面上有贩卖专门用于裁切的铁边三角板。这种工具虽然很不错，但如果直角处没有包覆铁，或是铁边与三角板分离的话，就不能继续使用了。此时我会用双面胶在角尺上面粘贴三角板取代，这种工具只要将厚纸板对齐直角尺的内侧，就能轻松地裁切直角（粘贴时，直尺的两边最好超出三角板）。"

裁切纸张的正确顺序

1 将纸张的边缘紧靠着木棒后用手压住，接着在纸尺（以坚固的纸裁切成的细长工具）上面放上铁尺并将它对齐木棒与纸尺，最后压住木棒的那一只手只需移动食指，就能固定住木棒并顺利地完成这个步骤。

2 用右手压住纸、纸尺、铁尺后拿开木棒，再用左手压住纸、纸尺、铁尺，接着用右手拿美工刀并在想裁切的部分画下明显的刻痕。

3 用有刻痕的纸尺在靠近自己的那一边画上刻痕。完成后，靠着木棒的那一边的平行方向上就会有两个刻痕。

若没有木棒，可使用有厚度的三角板。

4 将美工刀的刀片固定在靠近自己那一边的刻痕上，再将直尺对齐两边的刻痕，接着裁切纸张。

后记

通过这次的采访，我惊讶地发现，原来手工书有这么多不同的做法！制作手工书的乐趣不仅是能用自己的双手打造出整本书，从设计开始就绞尽脑汁地制作出充满创意的书本，也是令人欣悦的过程，甚至连书本的造型也多到令人大感惊奇！一说到书本，自然而然就会联想到四边形，不过手工书还有三角形、圆形、蛇腹造型、书盒等各种样式。我认为各位制本家和艺术家创作出来的作品，能展现出书本的各种可能性，而这也是大量生产的书本无法呈现出来的"魅力"。

最后，感谢各位协助采访的制本家老师与艺术家。非常感谢各位在百忙之中，还愿意花费这么长的时间接受受访，我也通过与各位的相遇，明白了制作一本书需要花费多大的心思与体力。不过也正因为各位所投入的心力，我们才能见识到如此感动人心的美丽作品。

同时，我也要感谢本书的摄影师臼田尚史先生、榎木佑介先生，真的非常感谢你们用心地拍摄出漂亮的照片。我最后还要感谢设计师望月昭秀老师，真的非常感谢您在忙碌的工作中，还特地创作出各种完美的设计。

我由衷地希望各位读者能通过本书，制作出属于自己的创意"书本"。

岛崎千秋

2012年1月

Cod Liver Oil

xis und   undlegung

WRIGHT FOR BERT ULSHOFER ENBOHER

CARTI

be a stationary sequence.

permits a representation

(n = 2)

BRITISH RLYS. (Western Region)

(4237)

TO

DAWLISH

A.MEM
Portrait
R.CREV
Le clave
L.ROUGI
Une fai
LA MET

Violino I

图书在版编目（CIP）数据

日和手制 本子 / （日）岛崎千秋著；吴冠瑾译
. —杭州：浙江人民出版社，2018.6
ISBN 978-7-213-08727-1

Ⅰ．①日… Ⅱ．①岛… ②吴… Ⅲ．①本册—制作
Ⅳ．①TS951.5

中国版本图书馆CIP数据核字（2018）第080468号

浙 江 省 版 权 局
著 作 权 合 同 登 记 章
图字：11—2018—148号

日和手制 本子

RIHE SHOUZHI BENZI

[日]岛崎千秋 著　吴冠瑾 译

出版发行　浙江人民出版社（杭州市体育场路347号 邮编310006）
责任编辑　徐　婷
责任校对　徐永明
封面设计　棱角视觉
内文制作　佳睿天成
印　　刷　北京盛通印刷股份有限公司
开　　本　710毫米×880毫米　1/16
印　　张　9.75
字　　数　100千字
版　　次　2018年6月第1版
印　　次　2018年6月第1次印刷
书　　号　ISBN 978-7-213-08727-1
定　　价　42.00元